LES
GELÉES ET LA GRÊLE

Guide pour la Défense et la Protection
des Récoltes, à l'usage des

VITICULTEURS, HORTICULTEURS
AGRICULTEURS

PAR

ANTONIN ROLET

Ingénieur-Agronome
Professeur à l'École d'Agriculture d'Antibes

Lauréat Exposition 1900 (Médaille argent) ; Société Encouragement pour industrie nationale (Médaille or) ; Société Agriculteurs de France (deux prix agronomiques) ; Société scientifique d'Hygiène (Prix H. de Rothschild).

TOME PREMIER

Les Gelées

PARIS
Collection A.-L. GUYOT
51, rue Monsieur-le-Prince, 51

DU MÊME AUTEUR

L'Industrie laitière, sous-produits et résidus.

Recherches sur la composition du lait et des produits de la laiterie. (Médaille d'or de la Société d'encouragement pour l'Industrie nationale.)

Le lait des centrifuges et le petit-lait. (Prix agronomique au concours de la Société des Agriculteurs de France.)

L'Industrie beurrière en France et à l'Étranger considérée au point de vue du commerce d'exportation. (Prix agronomique au concours de la Société des Agriculteurs de France.)

L'organisation de l'enseignement de la laiterie et les stations de recherches laitières.

Sur l'Enseignement pédagogique et rationnel de la laiterie et de l'Agriculture.

Rapports au Congrès international de Laiterie. — Paris, octobre 1905.

Les essences et les parfums.

Le lait hygiénique.

AVERTISSEMENT

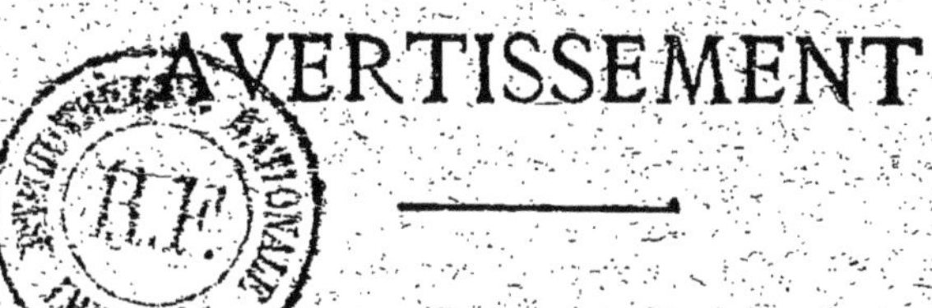

L'armée grouillante des insectes ravageurs, le
bataillon insatiable des rongeurs, la grande famille
des champignons microscopiques et celle des pul-
lulantes bactéries, plus infimes encore, en un mot,
tout ce monde d'êtres grands ou petits, plus ou
moins bien armés pour la lutte, qui ont choisi nos
vignobles, nos vergers, nos jardins, nos prairies
ou nos champs, pour y mener le grand combat de
l'existence, ne sont pas les seuls ennemis auxquels
l'agriculteur doive disputer au jour le jour le fruit
de ses sueurs.

Il est des météores qui, là-haut, dans le grand
espace aérien où ils évoluent tout à leur aise, au-
dessus des récoltes qu'ils menacent — ce qui
augmente encore leur aire d'action néfaste, —
constituent pour celles-ci un danger permanent
non moins redoutable. Ce sont eux surtout qui
marquent d'une tache noire la longue liste des
risques professionnels auxquels est exposé
l'homme des champs.

En quelques minutes, à eux seuls ils sont capa-
bles, en effet, de réduire à néant les plus belles
espérances que le travailleur du sol fondait sur le
fruit d'un labeur opiniâtre. C'est bien souvent
même alors qu'il avait traversé sans trop de tour-
ments la période critique qui exposait ses cultures
aux déprédations des ennemis du monde organisé,

à la veille de compter le bénéfice réalisable, qu'il s'en voit brutalement frustré par les éléments déchaînés contre ses récoltes.

A peine les plantes sortent-elles de leur repos hivernal pour entreprendre un nouveau cycle végétatif; à peine les tièdes caresses du soleil de printemps viennent-elles ranimer l'organisme végétal engourdi par les longs froids de l'hiver et donner une ardeur salutaire à la sève fécondante, que la gelée, la terrible gelée blanche, est là qui les guette, pleine de menaces. Gare alors aux fleurs des arbres fruitiers, aux bourgeons des vignes ou des autres plantes de culture, trop pressés de s'élancer à la conquête de l'air et de la lumière, sous l'incitation du renouveau ! Leurs délicats tissus à peine formés, tendres et gorgés de sève, présentent dans cet état naissant le minimum de résistance; aussi, malheureusement, l'abaissement de température des nuits printanières en a-t-il bien souvent raison.

Quand la crainte des *gelées tardives* est à peu près dissipée, voici qu'une nouvelle appréhension s'empare de l'esprit de l'agriculteur. Une autre épée de Damoclès reste encore là suspendue sur les cultures : c'est l'orage à *grêle*, dont la soudaineté n'a d'égale que l'intensité d'action destructive.

Un point noir naît à l'horizon ; les nimbus orageux montent rapidement vers le Zénith ; les éclairs sillonnent les nues ; le tonnerre gronde et une avalanche de projectiles glacés s'abat sur la campagne. Les grêlons cinglent les végétaux de toute taille; ils saccagent ce qu'ils rencontrent dans leur chute. Les feuilles sont dilacérées, déchiquetées, les tiges brisées, les épis, les fruits, meurtris. Quelques minutes seulement ont suffi au météore destructeur pour semer ainsi la ruine et la désolation sur son passage !

Le cultivateur est-il impuissant devant les désastres causés par ces forces brutales de la nature ? Ne peut-il en pallier les effets, et même lui est-il impossible de prévoir l'arrivée de l'ennemi, de façon à prendre les mesures que comporte une aussi grave situation ?

Quelle que soit la perfection des méthodes employées, la défense ne peut être malheureusement organisée avec autant de chances de succès que lorsqu'il s'agit de protéger les plantes contre les maladies cryptogamiques ou les dégâts des insectes et des rongeurs. Ici, les causes du mal sont presque toujours mieux connues ; il est possible, dans tous les cas, de les étudier, d'expérimenter non moins aisément les remèdes préventifs à appliquer, d'en contrôler les effets.

En un mot, on connaît mieux la tactique de l'ennemi, la façon dont il prend l'offensive, les conditions qui le favorisent, les différents stades de sa vie.

Quant aux météores destructeurs, la science est bien en retard sur leur compte. Elle est le plus souvent incapable de nous expliquer les phénomènes qui président à leur formation, parce que, généralement, ces derniers sortent du domaine expérimental. C'est la cause pour laquelle les météorologistes ne peuvent nous annoncer quelques jours à l'avance le danger que courent nos cultures, prévision qui, de ce côté-là, serait un grand pas de fait dans la voie du progrès.

En attendant que les savants nous fournissent sur la question des données plus précises et plus exactes que celles que nous possédons, le cultivateur, est réduit, pour organiser la police de ses cultures, à procéder un peu par tâtonnements.

C'est pour l'éclairer dans le choix des divers moyens d'action qui s'offrent à lui, d'après les résultats acquis par l'expérience, que nous présentons au monde agricole ce modeste guide concernant les *gelées* et la *grêle*.

Les deux calamiteux météores causent annuellement à l'agriculture des pertes qui se chiffrent par des millions de francs. Ce n'est donc pas une œuvre vaine que de chercher à diffuser dans la masse des populations rurales les remèdes propres à arracher une partie de leur proie aux deux terribles fléaux.

Notre travail comprend deux parties. La première a trait aux *gelées*. Après quelques notions de physique — l'homme des champs ne doit perdre aucune occasion de s'instruire — sur *la chaleur rayonnante, le pouvoir absorbant et le pouvoir émissif des corps pour la chaleur, le rayonnement nocturne, la rosée et la gelée blanche*, etc., nous abordons, dans un deuxième paragraphe, les facteurs qui favorisent le rayonnement nocturne, *agitation et pureté de l'air, etc.* Dans un troisième, nous étudions les *signes précurseurs et la prévision des gelées blanches*.

Le Chapitre II est consacré à la défense des *vignes*. Nous y étudions successivement *l'état des lieux et du sol pouvant favoriser la production des gelées nocturnes; les moyens préventifs :* arrosages, submersion, cépages à débourrement tardif, taille tardive, badigeonnage au sulfate de fer, hauteur des souches et longueur des sarments; les *moyens préservatifs :* poudrages, nuages artificiels, abris temporaires.

Si, en général, il vaut mieux prévenir le mal qu'avoir à le guérir, en l'espèce, comme on ne peut toujcurs réussir à le conjurer, il importe en outre beaucoup de savoir en pallier les dégâts. Aussi, consacrons-nous un chapitre spécial au *traitement des vignes gelées* : taille et soins culturaux. De même, au chapitre suivant, il est question des gelées en *horticulture et en grande culture.*

Nous avons suivi un plan analogue dans la *deuxième partie*, qui, elle, concerne la *grêle*, et où les divisions principales sont : notions théoriques sur les *orages à grêle*, formation des grêlons, rôle de l'électricité, époques, régions et influences locales, signes précurseurs ; *moyens de défense* : abris et paragrêle électrique, tir au canon, fusées, bombes, cerfs-volants et ballons ; *traitement des vignes, des céréales, des arbres grêlés*, etc.

Il n'est peut-être pas dans la technique agricole de question où l'unité d'action, l'union des intéressés, la solidarité, l'appel aux bienfaisants principes de l'association, puissent recevoir une application plus salutaire que dans celle de la lutte contre les gelées et la grêle.

On sait, par exemple, avec quel ensemble les viticulteurs d'une même région doivent agir pour organiser la défense des vignobles par les nuages artificiels, au risque de voir les efforts individuels isolés rester sans efficacité.

Cette considération n'est pas moins importante quand il s'agit de combattre les nuées à grêle.

On trouvera dans des chapitres spéciaux les *moyens pratiques* de constituer des *Syndicats d'allumage* ou de *défense contre la grêle* par les canons, les fusées ou les bombes. Nous donnons encore, pour faciliter la tâche des agriculteurs, des *exemples de statuts* de différentes associations du genre existantes.

Si les viticulteurs, maraîchers, jardiniers, floriculteurs, n'ont pas voulu mettre à contribution, pour le plus grand bien de leurs récoltes, les moyens de défense connus à ce jour, ils peuvent encore faire appel aux multiples avantages de la mutualité pour pallier, dans la plus large mesure possible, les pertes qu'ils sont susceptibles d'éprouver. C'est à cette intention que nous leur donnons aussi des renseignements pratiques sur la façon d'établir entre eux l'*assurance-mutuelle* contre les intempéries, ainsi qu'un exemple *de statuts* pour une *mutuelle-gelée-grêle*.

On n'ignore pas qu'un grand mouvement se dessine à l'heure actuelle ayant pour objet la recherche des moyens de protection des récoltes contre les deux météores destructeurs en question. Des syndicats de défense se constituent un peu dans toutes les régions ; des études officielles sont entreprises à cette fin ; la direction de l'hydraulique et des améliorations agricoles a mis le tir contre la grêle dans son programme ; le Parlement a été saisi de la question ; des Congrès se tiennent pour discuter sur la matière ; les sociétés agricoles émettent des vœux dans le but de faire voter des lois efficaces ou demander à l'administration de prêter son concours dans l'organisation de la lutte ; les sociétés savantes étudient le côté théorique du sujet, etc.

On le voit, notre livre arrive bien à point pour guider toutes les bonnes volontés dans cette œuvre éminemment utilitaire, comme pour renseigner efficacement ceux qui sont directement intéressés dans la culture.

On sait quelle surface considérable du sol occupe la vigne, et quel large tribut celle-ci paie chaque année soit aux gelées tardives, soit à la grêle.

Les *viticulteurs* trouveront dans ces quelques pages ce qu'il leur importe de savoir pour organiser systématiquement la lutte contre les deux ennemis en question, dont la venue inspire presque une vraie terreur.

L'horticulture a non moins à souffrir de l'action néfaste d'un refroidissement un peu intense de l'atmosphère que des terribles nuées à grêle.

Les *maraîchers*, les *jardiniers*, les *floriculteurs*, tireront également profit des données que nous fournissons sur la matière.

Enfin, la grande culture a, elle aussi, tout intérêt à connaître comment il est possible de sauvegarder la végétation des arbres fruitiers en plein vent, des céréales, etc.

En un mot, toutes les *classes professionnelles* du monde rural puiseront d'utiles enseignements dans ce *guide contre les gelées et la grêle.*

Antonin ROLET.

LES GELÉES ET LA GRÊLE

PREMIÈRE PARTIE

Les gelées blanches et les gelées à glace

CHAPITRE PREMIER

NOTIONS PRÉLIMINAIRES

§ I. — Un peu de physique

1. Chaleur rayonnante. — Les corps qui nous environnent *émettent* de la chaleur dans toutes les directions, à la façon dont la flamme d'une bougie, par exemple, projette des *rayons* lumineux tout autour d'elle.

C'est par analogie avec ce mode de propagation de la lumière que la *chaleur obscure* dont nous parlons est dite *rayonnante*.

Lorsque les corps en présence sont à des degrés de température très différents, il se fait ainsi un envoi réciproque de *calorique* — ce mot est synonyme de chaleur — entre chacun d'eux, les plus chauds en émettant plus qu'ils n'en reçoivent, ceux qui sont froids, un morceau de glace, par exemple, en *absorbant* plus, au contraire, qu'ils n'en perdent. On dit, dans ce cas, et plus particulièrement des corps chauds, qu'ils *rayonnent*. On comprend que ce phénomène se produit avec d'autant plus d'intensité que ces derniers sont dans un milieu plus froid.

Si rien ne vient troubler cet échange mutuel ; si les objets sont, par exemple, disposés dans une salle où l'air se trouve à l'état de repos, à la longue il finit par s'établir entre eux une sorte *d'équilibre mobile de température*, comme disent les physiciens, et tous arrivent à émettre la même quantité de chaleur qu'ils reçoivent.

Dans la nature, cet état de choses ne se trouve pour ainsi dire jamais réalisé, la présence ou l'absence du soleil, l'action de divers météores, les courants d'air, étant autant de facteurs peu compatibles avec l'existence de cet équilibre mobile de température, et il est des corps qui rayonnent toujours plus que d'autres.

2. Propagation de la chaleur par conductibilité. — Le rayonnement n'est pas la seule façon pour les corps de se céder mutuellement leur calorique. Lorsqu'ils sont en contact, ils se passent, pour ainsi dire, ce dernier de proche en proche, de molécule à molécule, et l'échange se fait d'autant plus rapidement qu'ils sont, comme l'on dit, meilleurs *conducteurs* de la chaleur. On sait qu'une barre de fer tenue au feu s'échauffe plus vite qu'une baguette de bois. De même l'air est mauvais conducteur de la chaleur.

On comprend que cette deuxième propriété puisse jouer un certain rôle dans le monde qui nous environne. C'est sous sa dépendance, par exemple, que se fait surtout la propagation du calorique dans les différentes couches du sol et de celui-ci dans les végétaux qu'il porte, mais dans ce dernier cas à un faible degré.

3. Pouvoir absorbant et pouvoir émissif des corps pour la chaleur. — De même que pour la conductibilité, les différents corps sont plus ou moins aptes à *absorber* les rayons calorifiques qu'ils reçoivent ou à en *émettre* à leur tour. Ils les absorbent d'autant plus facilement qu'ils sont de couleur plus *sombre*, et en outre que leur surface est plus *rugueuse*, moins polie. Le type qui réalise le mieux ces conditions, c'est le noir de fumée. Par contre, dans ce cas, il les laissent échapper aussi très aisément. Tout le monde sait que les vêtements noirs s'échauffent rapidement au soleil, mais qu'à l'ombre ils *perdent* non moins vite le calorique précédemment emmagasiné.

Une marmite vieille toute noircie à l'extérieur par un long usage amènera, sur le foyer, plus vite l'eau à l'ébullition qu'une neuve ayant encore tout son poli; celle-ci ne sera qu'à 70°, quand la première aura déjà atteint 100°.

Inversement, les corps de *couleur claire*, à surface *polie*, *lisse*, réfléchissent le mieux la chaleur et en *émettent le moins*. Des deux marmites précédentes contenant de l'eau à une même température voisine de l'ébullition, c'est celle qui est recouverte de noir de fumée qui laissera le plus rapidement refroidir le liquide. On sait que le thé, le café, les boissons que l'on veut conserver chaudes, sont tenus dans des récipients en porcelaine, en poterie vernissée, en métal poli et brillant. Un vêtement blanc est aussi utile dans la région des pôles que sous les tropiques; dans le premier cas, il s'oppose à la déperdition de la chaleur du corps, qui est plus élevée que celle de l'air extérieur; dans le second, il réfléchit celle du soleil.

4. Le rayonnement nocturne. — Ces quelques notions préliminaires, bien que paraissant étrangères au sujet que nous devons étudier, vont cependant nous aider à comprendre la nature du phénomène qui occasionne les *gelées de printemps*.

On sait que la principale source de chaleur pour les végétaux qui croissent en plein air est le soleil. Ses rayons bienfaisants réchauffent à la fois et la terre et les plantes qu'elle porte, de même que l'air dans lequel baignent celles-ci. Il faut remarquer que l'air humide des couches inférieures est très transparent pour la *chaleur lumineuse* du soleil, mais beaucoup moins pour la *chaleur obscure* du sol, circonstance favorable au point de vue où nous nous plaçons.

Si donc, dans ces conditions, les végétaux, la terre et l'air absorbent plus de chaleur qu'ils n'en émettent, par contre, le soir, lorsque le soleil disparaît, l'inverse se produit, et leur température s'abaisse. Une partie du calorique emmagasiné durant la journée est renvoyée vers les espaces célestes, qui sont froids : c'est le *rayonnement nocturne*.

En vertu de ce que nous avons dit, les végétaux qui sont de couleur sombre, de même que la terre d'une façon générale, rayonnent avec intensité et par conséquent se refroidissent rapidement, les premiers cependant plus que le sol (1), ce dernier plus aussi que l'air ambiant, dont le pouvoir émissif est moindre. Le sol, par son volume, tient en réserve une grande quantité de chaleur, mais l'air en contact avec les feuilles des plantes finit à la longue par se *refroidir* aussi.

---

(1) La chlorophylle, qui colore les plantes en vert, a un pouvoir émissif voisin de celui du noir de fumée. Comme celles-ci sont gorgées d'eau et que, de plus, la matière végétale est par elle-même assez mauvaise conductrice de la chaleur, elles ne peuvent puiser le calorique du sol.

C'est vers le *lever du soleil* que l'abaissement de température atteint son maximum d'intensité, car jusqu'alors le calorique n'a cessé de s'écouler dans l'espace.

5. Évaporation. — Les liquides, par leur *évaporation*, sont également une cause de refroidissement du milieu; le passage à l'état de vapeur exige de la chaleur, que ces derniers empruntent aux corps avec lesquels ils se trouvent en contact. Comme les végétaux transpirent beaucoup, l'effet de ce second phénomène vient s'ajouter à celui du rayonnement nocturne. En outre la vapeur ainsi produite se répandant dans l'air tend à le saturer.

Pour la même raison, les *terrains frais* sont plus sujet aux gelées. On sait qu'en général celles-ci surviennent après les vents secs du Nord qui succèdent à une période de pluie.

Par contre, si la terre est *très humide*, elle se refroidit plus lentement, car il se forme alors une sorte d'écran protecteur dû au brouillard qui se dégage du liquide, tandis que la masse de l'eau constitue une sorte de régulateur de calorique. C'est ainsi que les recherches de M. H. Petit (1) ont montré au matin un excédent de température de 2°,6 à une profondeur de 1 cent. et de 1°,2 à la surface en faveur de la terre saturée d'eau.

Le labour du sol augmente la surface par laquelle il rayonne et évapore; les tubes capillaires sont brisés dans le jour il ne peut se dessécher aussi rapidement, et par suite s'échauffer de même; le refroidissement est maximum avec de grosses mottes. Cet expérimentateur a encore constaté une température de 16°,8 sur un sol émietté, puis plombé, 14°,2 sur le sol émietté mais non plombé, et 12°,5, lorsque la surface est en mottes.

---

(1) *Annales Agronomiques*, 1902.

Enfin, la matière organique incorporée à la terre entrave pendant la nuit la propagation de la chaleur des couches inférieures vers la surface. M. H. Petit a trouvé une différence de 1°,2 à 1 cent. de profondeur. Cependant, lorsqu'on humecte le sol, la conductibilité est mieux favorisée.

6. Rosée et gelée blanche. — La perte de calorique des corps placés dans le voisinage du sol du fait du rayonnement nocturne peut être telle que pour cette température la vapeur d'eau que contient toujours l'air qui les environne devient saturante, c'est-à-dire ne peut plus rester à l'état gazeux et se *condense*, se dépose à la surface des corps froids : c'est l'origine de la *rosée*.

On peut comparer ce phénomène à ce qui se passe l'été lorsqu'on apporte une carafe d'eau froide dans une pièce où l'air humide et chaud vient former buée sur le verre.

La rosée n'est donc pas produite, comme certains le croient, par la pluie qui tombe ; elle ne recouvre pas indistinctement tous les objets comme cette dernière, mais seulement ceux qui se sont assez refroidis par le rayonnement. Elle se distingue encore du *serein* qui se forme surtout dans les plaines, au bord des lacs, des cours d'eau, et qui est constitué par la vapeur d'eau de l'air qui, peu après le coucher du soleil, l'air se refroidissant, se condense presque subitement et *tombe* en pluie fine, uniformément sur tous les corps.

D'ailleurs, pour montrer que c'est le rayonnement nocturne, placé lui-même sous la dépendance du pouvoir émissif des corps, qui est bien la cause du dépôt de rosée, on met, par une nuit sereine, côte à côte deux feuilles de métal, une polie — dont le pouvoir émissif est faible, — l'autre recouverte de noir de fumée. Le lendemain matin, on remarque que cette dernière seule porte de fines gouttelettes. D'autre part, la route blanche est à peine mouillée

par la rosée, alors que l'herbe des sentiers en est
entièrement couverte (1).

Si la température à laquelle descendent les corps
qui rayonnent, est inférieure à o°, la rosée qui les
recouvre forme alors ces fines aiguilles de glace qui
constituent la *gelée blanche*, appelée encore dans
certaines régions *eigagno, aubière*. Souvent l'aspect
floconneux que présentent les petits cristaux montre
assez que la vapeur se congèle immédiatement sans
passer par l'état liquide.

Nous citerons toutefois à ce sujet l'opinion d'un
savant rapportée par la *Revue Scientifique*, 1800.

M. Assmann a communiqué à la Société de physique de Berlin les résultats de l'examen au micros-
cope du givre, de la gelée blanche et de la neige.
Contrairement à l'opinion généralement accréditée
que les vapeurs aqueuses de l'air en se condensant
se transforment en cristaux solides, il a remarqué que
la gelée blanche se compose de gouttes gelées amor-
phes, dont les rangées, régulièrement juxtaposées,
forment les longues aiguilles qu'elle nous présente.

M. Assmann attribue la formation du givre et de
la gelée blanche à l'existence de gouttes d'eau très
froides qui se solidifient brusquement lorsque le
vent les jette contre l'objet solide sur lequel on les
trouve.

D'autre part, la glace solide transparente se forme
lorsque l'eau, à o° ou à une température quelconque
au-dessous de o°, est mise en contact avec un objet
solide dont la température est très basse.

----

(1) On doit remarquer que le dépôt de rosée contribue
à atténuer le refroidissement du corps qui en est recou-
vert. La vapeur cède en passant à l'état liquide sa chaleur latente ; ce revêtement liquide qui s'ensuit substitue
en outre, à la face mate et couverte de chlorophylle des
feuilles, une surface polie à pouvoir émissif moindre.
La rosée contient un peu d'ammoniaque et d'acide azo-
tique.

On comprend aisément aussi que la température du végétal continuant à s'abaisser après le dépôt de la rosée, cette dernière a précédé la formation des aiguilles.

Il est certain que l'air environnant peut, dans ces conditions, rester *au-dessus* du zéro du thermomètre. C'est cette particularité qui fait parfois attribuer le mal causé à la végétation à la lumière même émise par la lune ou les étoiles, qui brillent alors d'un vif éclat. Nous verrons plus loin que ces astres n'y sont pour rien.

Une expérience très simple permet de reproduire ce dépôt de gelée blanche. On entoure, par exemple, le réservoir d'un thermomètre d'une mèche de coton que l'on imbibe d'éther, puis on l'agite pour activer l'évaporation du liquide, qui est seul ici la cause du refroidissement. On voit alors la colonne mercurielle baisser rapidement et la température arriver à un point tel que toute la surface du coton se couvre d'une couche de fins cristaux blancs, tandis qu'un autre thermomètre placé à peu de distance atteste la température ordinaire du milieu. Dans la nature, on a pu ainsi observer de jeunes pousses détruites alors que l'air était encore à 4°,5. On a constaté que l'effet du rayonnement a sa répercussion jusqu'à environ 1^m 5 au-dessus du sol.

Le physicien anglais Wells avait remarqué (1815) qu'un thermomètre déposé sur le gazon pendant une nuit sereine marquait jusqu'à 6° de moins qu'un autre à 1 mètre de hauteur.

M. Rivière a trouvé en Algérie, où le rayonnement est parfois très intense malgré la température élevée de la journée, les chiffres suivants : 4° à 0^m 10 au-dessus du sol, — 2° à 0^m 25, — 1°5 à 0^m 5, — 1°4 à 1^m, — 0° à 1^m 5, — 7° à 10^m. Dans le sol, la température était de 14° à 1^m et 9°4 à 25 centimètres. Dans les déserts de l'Afrique, où l'humidité de d'air est très faible, le sol est fréquemment surchauffé jusqu'à 50°, ce qui ne l'empêche pas, la nuit venue, de se refroidir à 10° par suite de l'intensité de l'irradiation favorisée par la faible quantité de vapeur d'eau. L'Arabe le sait bien, qui obligé de parcourir le pays, se munit d'un manteau pour la nuit.

§ II. — Facteurs qui favorisent le rayonnement nocturne et la désorganisation des tissus des végétaux

1. Pureté de l'air. — La vapeur d'eau tenue en suspension dans l'air, surtout à l'état de *fines gouttelettes* pour constituer les brouillards, forme un *écran* qui intercepte la communication entre les espaces célestes, toujours froids (-273°), et le sol et les végétaux.

De plus, cet écran renvoie vers ceux-ci une partie du calorique qu'ils émettent. La gelée blanche ne saurait donc se produire quand le temps est nuageux ou très chargé d'humidité, ce que le *psychromètre* peut montrer jusqu'à un certain point.

L'expérience de Wells prouve d'ailleurs bien l'action protectrice d'un écran quelconque, masquant aux plantes les espaces interplanétaires. Le physicien anglais plaça un mouchoir de batiste très fine sur quatre piquets, à la hauteur de dix centimètres au-dessus d'un thermomètre reposant sur le gazon. Celui-ci marqua 6° de plus qu'un second instrument qui était dans le voisinage sur le gazon aussi, mais non abrité.

Boussingault, un savant agronome, dit que « toutes les causes qui agitent l'air, troublent sa transparence, qui masquent ou rétrécissent le champ de l'atmosphère visible, nuisent au refroidissement nocturne. Un nuage, un écran, compensent en tout ou en partie, suivant sa température propre, la perte de chaleur qu'un corps terrestre eût éprouvée en rayonnant vers l'espace. »

2. Agitation de l'air. — Un vent assez violent qui amène sans cesse à la surface du sol de nouvelles couches d'air à température plus élevée que celles qui se seraient refroidies au contact des végétaux, qui brasse l'atmosphère en tous sens, contribue également à atténuer les funestes effets du rayonnement nocturne. Ainsi en 1897, lors des gelées qui sévirent généralement en France du 11 au 14 Mai, on constata en maints endroits que les vallées étroites, où le vent circulait plus vigoureusement, étaient moins atteintes que les vallées plus larges, où l'air était plus calme.

On comprend toutefois qu'un déplacement léger de l'air en contact avec les feuilles des végétaux, renouvelant la quantité de vapeur d'eau qui vient se condenser au fur et à mesure sur celle-ci, contribue à accroître la proportion de rosée.

3. La Lune rousse. — C'est en effet par les nuits *sereines*, calmes et *claires* de printemps, alors que les étoiles scintillent et que la *lune* brille de tout son éclat, que la gelée blanche exerce ses ravages. Aussi, dans les campagnes la croyance populaire attribue-t-elle la responsabilité du désastre causé à la lune même, la *lune rousse*, comme on l'appelle dans ce cas, à cause de la couleur particulière que prennent les bourgeons atteints, qui semblent *roussis*, brûlés.

D'après une certaine théorie, cependant, les rayons chimiques de la lumière lunaire décomposeraient la sève et les matières sucrées avec production de chaleur qui altérerait les tissus.

D'après F. Arago (1833), la lune rousse correspondrait à la lunaison qui commence en avril, devient pleine à la fin de ce mois ou dans les premiers jours de Mai.

Suivant Camille Flammarion, cette définition implique contradiction, car la lunaison peut commencer le 1ᵉʳ, le 2, le 3 Avril, et être pleine par conséquent le 15, le 16 ou le 17, c'est-à-dire ni à la fin d'Avril ni au commencement de Mai.

Comme les agriculteurs craignent les gelées de mi-Avril à fin Mai, il conviendrait mieux de définir la lune rousse, celle qui commence après Pâques et qui, en général, serait pleine à la fin d'Avril ou au commencement de Mai.

Comme on le voit, cet astre n'est qu'un témoin impuissant, mais on s'explique que les personnes ignorantes des causes du rayonnement nocturne soient d'autant mieux portées à l'incriminer, que la vivacité de la lumière dont elle inonde la terre au moment des dégâts, semble marcher de pair, pour ainsi dire, avec l'intensité de ces derniers.

D'après l'Almanach Hachette 1906, les dates de la lune rousse de 1908 à 1920 sont :

1908	du	3	avril	au	2	mai
1909	—	20	—		19	—
1910	—	10	—		9	—
1911	—	28	—		27	—
1912	—	17	—		17	—
1913	—	6	—		6	—
1914	—	26	—		25	—
1915	—	14	—		13	—
1916	—	8	—		3	—
1917	—	23	—		22	—
1918	—	11	—		11	—
1919	—	29	—		29	—
1920	—	18	—		18	—

4. Situation des lieux et exposition. — Ce sont les dépressions, les bas-fonds, les larges vallées, les plaines, qui sont le plus exposés aux gelées, car les végétaux y sont comme dans un bain froid mortel, tandis que les plateaux, les coteaux, sont plus privilégiés, bien qu'ils s'échauffent moins durant le jour que les lieux précédents, où l'air est plus calme. La nuit, sur les coteaux, l'air refroidi par le rayonnement des végétaux devient plus lourd, glisse sur la pente, et cela d'autant mieux que cette dernière est plus rapide, et il n'a pas le temps alors d'atteindre une température suffisamment basse pour nuire à la végétation.

Par contre, dans la vallée, l'air froid qui y arrive ainsi et s'y accumule montera à une hauteur d'autant plus élévée que l'intensité et la durée de la gelée seront plus grandes aussi.

On peut cependant constater à ce sujet des bizarreries difficiles à expliquer, comme on le verra plus loin.

C'est en vertu des mêmes considérations qu'on ne remarque pas de dépôt de rosée sur les arbres élevés de quelques mètres. L'air refroidi à leur contact tombe aussitôt avant d'avoir atteint le point de saturation.

5. Epoques des gelées. — Il est certain que la gelée est d'autant plus à craindre que la température générale de l'atmosphère est plus basse dans la soirée et à plus forte raison durant la nuit, car le rayonnement nocturne pouvant amener une différence de 5 à 6 degrés entre l'air et les végétaux, on comprend que la température de ces derniers puisse arriver ainsi plus aisément au-dessous du zéro. Ces conditions sont ordinairement réunies avec certains vents régnant dans la région, comme ceux des N.-N.-O, N. et N.-E.

Le rayonnement se produit aussi bien en hiver qu'en été, en automne qu'au printemps, mais c'est pendant ces deux dernières saisons que les écarts de température entre la nuit et le jour sont assez élevés, c'est-à-dire que les conditions ci-dessus sont le mieux remplies. En outre, pour la formation de la rosée, le degré d'humidité relative est tel que l'air est plus tôt saturé. En été, au contraire, l'humidité absolue, la quantité totale de vapeur d'eau, peut-être plus grande, mais comme il fait plus chaud, sa tension, sa force élastique, est plus élevée, et l'air peut en dissoudre davantage, tandis que la température de la nuit n'est pas assez basse pour rendre cette vapeur saturante, pour la condenser et pour que le calorique des végétaux arrive au point critique. Quant à l'hiver, c'est la différence de température entre le jour et la nuit qui n'est pas assez grande. Le degré thermométrique y atteint souvent zéro, mais la végétation étant alors en plein sommeil, le mal est généralement peu grave, sauf avec des froids d'une rigueur exceptionnelle.

Il n'en est pas de même au printemps, lorsque les plantes, sortant de leur repos hivernal, prennent leur essor pour accomplir un nouveau cycle végétatif. Les tissus tendres gorgés de sève des jeunes bourgeons ou des fleurs des arbres fruitiers sont très sensibles, et les dégâts causés alors par les gelées sont souvent considérables.

Ordinairement la crainte des agriculteurs n'est à peu près dissipée qu'après la fin du mois de Mai. Les 11, 12 et 13 Mai, on le sait, correspondent aux Saints de glace, qui, en 1807, ont si bien justifié leur réputation. Le passage critique de ces quelques jours est redouté depuis longtemps. C'est ainsi qu'on rapporte qu'une année, le jardinier de Frédéric-le-Grand, qui ne voulait point sortir les orangers au début de Mai, craignant l'influence néfaste des jours en question, dut s'exécuter devant les ordres de son maître, mais ses craintes se justifièrent, car la gelée du 13 brûla les arbrisseaux.

Un dicton est là, d'ailleurs, pour nous rappeler que vers la mi-Mai l'agriculture n'est pas sans courir encore quelque danger :

> Saint-Mamert, Saint-Pancrace
> Et Saint-Servais,
> Sans froid, ces Saints de glace
> Ne vont jamais.

On explique le refroidissement subit de l'atmosphère à cette époque de la façon suivante : du 8 au

20 Mai, le soleil parcourt la constellation du Taureau, et il passe alors entre lui et la terre une nuée d'astéroïdes, une zone de poussière cosmique plus ou moins dense, ayant quelque analogie avec la voie lactée. Ce courant circulaire intercepte ainsi durant trois jours une partie de la chaleur que l'astre envoie vers la terre, car celle-ci met ce même temps à traverser sur son écliptique l'espace couvert par cette sorte d'écran, d'où il résulte un abaissement sensible de température. L'été de la Saint-Martin aurait une origine analogue, mais à effet inverse. Ce serait la chaleur emmagasinée durant l'été par le globe terrestre qui, cette fois, arrêtée au passage par la zone de poussière cosmique, ne pourrait plus irradier vers l'espace les 11, 12 et 13 Novembre.

Toutefois, selon M. C. Flammarion « les Saints de glace n'ont rien de fixe dans le calendrier, et ils n'existeraient pas plus que la lune rousse. Ainsi, en 1905, les 11 et 12 Mai ont été les jours les plus chauds de la première quinzaine de Mai ; en 1904, les jours les plus froids ont été les 6, 7, 8 et 9 Mai ; en 1903, ces jours froids sont arrivés les 11, 12 et 13 Mai ; en 1902, grand froid du 6 au 14, puis du 18 au 21 ; en 1901, froid du 6 au 8. »

M. Luizet, de l'Observatoire de Lyon, dit, d'après les relevés des températures les 11, 12 et 13 mai, depuis 51 ans, que ni les Saints de glace ni l'été de la Saint-Martin ne sont des phénomènes réguliers. Les traditions ne sont exactes qu'à certains moments.

De même, M. A. Lancaster rappelle que par suite de la réforme du calendrier, Saint-Mamert, Saint-Pancrace et Saint-Servais ont aujourd'hui transmis l'influence néfaste des dates de leurs fêtes à celles de Sainte-Julie, de Saint-Didier et de Saint-Donatien (22, 23 et 24 Mai). En réalité, en 1905, le 24 Mai, la température a été très basse et la gelée qui en est résultée a occasionné pas mal de dégâts.

D'après le Dr Assmann, les chances de gelée seraient 27 o/o du 11 au 15 Mai et seulement de

15 0/0 du 16 au 20 du même mois. M. Henri Marès prétend que les gelées de printemps se produisent en Languedoc une année sur trois avec des intensités diverses. D'après M. E. Petit-Laffitte, qui tint à ce sujet une statistique spéciale durant dix-sept ans, elles reviendraient en moyenne tous les neuf ans dans la Gironde. S'il faut en croire certains historiens, les vignes du Bordelais auraient gelé en 1806 le jour de la Saint-Jean, soit le 24 Juin, ce qui empêcha la maturation des raisins.

M. Roche a indiqué les dates suivantes pour la région de Montpellier : du 10 au 14 Mars, du 25 au 29 Mars, du 9 au 14 Avril, du 23 au 25 Avril et du 11 au 13 Mai.

Un dicton signale encore comme étant à redouter les *cavaliers* saint George, 22 avril; saint Marc, 25 avril; sainte Croix, 4 mai : saint Jean-Porte-Latine, 6 mai.

6. Les gelées à glace. — On distingue les gelées à glace ou gelées noires des gelées blanches en ce qu'elles résultent d'un abaissement plus considérable et persistant de la température, occasionné souvent par des courants d'air froid.

Leur action, d'un effet plus désastreux, est parfois aussi plus générale. Elles peuvent se produire aussi bien par temps sec que par temps humide. Elles sont surtout funestes lorsqu'un hiver doux a sollicité de bonne heure la sève à faire épanouir les bourgeons, qui dès fin janvier, février, prennent leur essor. On a eu à constater l'action pernicieuse des gelées à glace, jusque dans le mois d'Avril. Leur origine, comme on le voit, provenant d'un refroidissement général de l'atmosphère, il est pour ainsi dire impossible d'en prévenir les funestes effets.

7. Action du froid sur les végétaux. — On sait que l'eau se prenant en glace augmente de volume. C'est cette dilatation, disent les uns, qui occasionnerait la rupture des cellules et des vaisseaux des tissus végétaux ; mais, prétendent les autres, la sève n'est pas de l'eau pure, elle se solidifie moins aisément. D'ailleurs, l'eau peut descendre au-dessous de zéro sans se congeler dans les tubes capillaires, et les vaisseaux des plantes sont encore d'un diamètre bien inférieur à ceux que peut obtenir l'expérimentateur dans son laboratoire.

On explique généralement aujourd'hui la désorganisation des tissus des végétaux de la façon suivante : sous l'influence du froid, les cellules abandonnent leur eau de végétation, qui passe dans les *méats intercellulaires*, où elle constitue de petits glaçons qui dilatent les tissus. Il se formerait ainsi des lacunes dans le parenchyme cortical qui le dilateraient.

Quand on met une tranche de betterave sous une petite cloche pour empêcher l'évaporation, et qu'on expose le tout au froid, on voit sa surface se couvrir d'un grand glaçon qui s'épaissit de plus en plus, tandis que la rondelle se ratatine et perd son eau. Donc, *l'eau se sépare de la matière organique sous l'action du froid*. De même, dans un œuf dur gelé, on voit l'eau incorporée dans le blanc former des prismes de glace entre les lamelles de matière solide qui prend l'aspect corné.

On remarque encore entre les nervures d'une feuille d'iris gelée, des places blanchâtres faisant un peu saillie : ce sont des glaçons séparés de l'extérieur par l'épiderme soulevé. Le plus souvent, en effet, les glaçons se forment sous l'épiderme, mais il peut en naître partout ailleurs où l'espace est suffisant.

Dans les tiges jeunes, les aiguilles d'eau congelée se présentent d'abord sous l'épiderme, et dans ce cas le dommage n'est pas bien grand. Si l'abaissement de température continue, la glace se montre alors dans la zone d'accroissement, dans le cambium, qui est extrêmement tendre ; il s'écrase, ce qui met un terme à la prolifération des cellules, d'où résulte la mort de la plante. Mais si le froid n'est pas toujours assez intense pour causer une telle dissociation de la zone génératrice, les glaçons de l'intérieur empêchent, d'autre part, la circulation de la sève de se faire normalement, et les tissus ne peuvent alors recevoir le liquide nourricier qui monte des racines.

En ce qui concerne l'action directe du givre sur les bourgeons ou les feuilles, au point de vue température, elle doit être par elle-même de peu d'importance, car si l'humidité se dépose sur eux sous forme de glace, c'est que le support lui-même, les tissus internes du végétal, sont déjà au-dessous de zéro degré. On pourrait même dire que la formation de la gelée blanche entraînant le dégagement d'un peu de calorique, retarde le trop grand refroidissement de l'intérieur.

Sur les parties parfaitement lignifiées, les grosses branches ou le tronc des arbres, par exemple, les effets désastreux du froid peuvent être encore plus marqués et compromettre non seulement les jeunes pousses, mais la vie entière même du sujet. Par des températures très basses, le bois se fend longitudinalement (gélivures). On a prétendu que c'est l'eau qui se trouverait dans le creux de l'arbre qui serait la cause d'un pareil phénomène. Ce qui semble donner quelque créance à une telle supposition, c'est que les arbres ainsi atteints présentent souvent une partie interne pourrie qui, en réalité, est la conséquence de la gelée plutôt que la cause déterminante de l'accident. L'explication suivante est plus rationnelle.

Quand le sol est non encore bien refroidi, tandis que le degré de calorique de l'air ambiant est descendu très bas, les couches ligneuses externes du végétal se refroidissent considérablement et par suite se contractent. Comme le bois est mauvais conducteur de la chaleur, la partie interne conserve une température plus élevée, et par suite n'accompagne pas les portions qui la recouvrent dans leur mouvement de retrait, d'où un antagonisme entre les fibres végétales qui aboutit à une rupture de la masse. Il arrive encore qu'au lieu de se fendre longitudinalement, les couches concentriques externes, en se rétrécissant, glissent sur les assises plus internes, et il se produit alors une sorte de décollement (roulure). On le voit, l'intervention de l'eau est ici nulle. D'ailleurs, ces phénomènes se produisent par des froids très rigoureux, en plein hiver, quand les vaisseaux n'ont que très peu de sève.

Les gélivures peuvent ensuite se refermer d'elles-mêmes au retour des beaux jours, alors qu'il se forme des bourrelets sur les bords de la fente rayonnante, et qui finissent par se rejoindre. Malheureusement le point cicatrisé reste faible et une nouvelle gelée est capable de faire rouvrir la crevasse. Dans ces conditions les tissus se désorganisent et l'eau peut envahir les vides qu'ils laissent.

8. Dégel rapide. — Une plante gelée n'est pas forcément tuée si la zone génératrice de la partie atteinte n'est pas complètement désorganisée. La mort s'ensuit quand il est impossible à la cellule végétale de reprendre l'eau de végétation qu'elle a perdue et qui remplit maintenant les méats intercellulaires. La plante reste sèche, n'est plus turgescente, l'air ayant été chassé des méats par l'eau; la feuille, par exemple, devient transparente et flasque.

On doit distinguer, en effet, l'eau d'organisation, de végétation, de celle qui mouille les tissus. La première, on le sait, s'évapore plus lentement que la seconde. L'eau gélive s'évapore très vite, et alors la plante se dessèche, la perte de liquide n'étant pas compensée par l'eau des racines. On dit que le froid *brûle* la plante. C'est donc le *dégel rapide* qui est funeste, car l'eau des glaçons internes s'évapore, elle, aussi rapidement et ne fait plus dès lors retour aux cellules. Ces conditions se trouvent surtout remplies quand il règne, depuis quelque temps, des vents secs comme ceux des N.-N.-O., N. ou N.-E.

Lorsqu'on prend une feuille gelée entre les doigts, la chaleur de la main fait fondre rapidement les glaçons sur les empreintes de ces derniers. Si on laisse ensuite dégeler en l'état, on constate qu'il n'y a de morts que les tissus que les doigts ont touchés, là où le dégel a été rapide. On peut mieux faire la comparaison encore, lorsqu'on plonge deux feuilles gelées, l'une dans de l'eau tiède, l'autre dans de l'eau voisine de zéro degré, puis qu'on les retire pour les laisser ainsi. La dernière seule conserve son état normal, car les cellules, par suite du dégel lent, reprennent l'eau qu'elles avaient perdue. On sait qu'au moment du dégel les jardiniers arrosent leurs plantes avec de l'eau.

On attribue encore une certaine action indirecte aux petits cristaux de givre formés à la surface des feuilles et des jeunes pousses. Par exemple, ils feraient l'office de minuscules lentilles qui, au lever du soleil, concentreraient sur les tissus les rayons calorifiques que nous envoie ce dernier, circonstance qui favoriserait la fusion des glaçons internes et l'évaporation du liquide qui est, comme l'on sait, une cause de froid. Il est connu que les dégâts sont plus considérables sur les pentes exposées au soleil levant que sur le versant opposé. On estime que les grands cours d'eau conservent au sol une température relativement assez élevée ; en outre, au matin les vapeurs qui s'en dégagent se condensent et forment un brouillard qui protège la végétation. De même, un léger vent qui au lever du soleil essuie la rosée ou un nuage qui apparaît écartent les craintes de danger.

On a conseillé de projeter de l'eau avec un pulvérisateur sur les plantes recouvertes de gelée, avant l'apparition du soleil. L'eau fournit alors aux aiguilles de glace la chaleur nécessaire à leur fusion.

A défaut, en dernière analyse, les tissus désorganisés deviennent flasques, et quelques heures après,

vers sept ou huit heures, on peut déjà sur certaines
plantes constater l'étendue du mal; les bourgeons
roussis se dessèchent, puis noircissent: ils deviennent
« tabac. »

§ III. — Signes précurseurs et prévision des gelées blanches

On comprend aisément toute l'importance capitale qu'il y aurait pour l'homme des champs à connaître assez à l'avance, la veille au soir au moins, l'arrivée du météore destructeur qu'est la gelée, pour pouvoir, jusqu'à un certain point, prévenir ses funestes effets ou les réduire au minimum possible.

C'est le rôle des stations météorologiques de créer à cet effet un système rapide d'informations, entre elles d'abord, avec les milieux intéressés ensuite.

Quelques indices caractéristiques de l'état atmosphérique assez faciles à constater peuvent, jusqu'à un certain point, fournir d'utiles indications aux agriculteurs sur la possibilité d'une gelée.

Ainsi, d'après M. *Houdaille,* « les gelées de printemps sont assez souvent précédées par l'établissement préalable des vents du Nord, l'abaissement rapide de la température vers les dernières heures de la journée, la faiblesse de l'état hygrométrique, la transparence du ciel, le ralentissement de la vitesse du vent. »

1. Procédé Kamermann. — Kamermann recommande de remarquer la veille au soir, vers 3 heures, la température du thermomètre mouillé. On entoure pour cela le réservoir d'un thermomètre ordinaire d'une mèche de coton ou d'un peu de mousseline que l'on imbibe d'eau. On le laisse fixé sur un poteau isolé à l'ombre, au Nord, à environ 60 centimètres du sol, pendant dix minutes. On lit alors la graduation à laquelle s'est arrêtée la colonne mercurielle. On compare le chiffre trouvé à la température minimum du lendemain matin, en se servant d'un thermomètre à minima laissé à demeure durant la nuit, et que l'on observe le matin. Il paraîtrait que l'écart ainsi constaté est peu variable pour diverses journées successives. Supposons que cet écart soit de 4°. Si maintenant nous imaginons encore que dans l'observation du thermomètre mouillé, le soir, nous obtenons la température de 3°, il est certain que si le principe est vrai, le minimum du lendemain matin sera de — 1°, c'est-à-dire qu'il faudra s'attendre à une gelée.

1 *bis*. **Procédé Dollfus.** — Chercher le point de rosée à 9 heures du soir. S'il est très voisin de la température du thermomètre sec à ce moment, il y a chance pour qu'il se forme un nuage ou brouillard protecteur. Si, au contraire, ce point se forme à — 5°, les nuages ne se produiront qu'à une température inférieure à celle qui gèle les bourgeons et ceux-ci seront détruits.

2. Thermomètre à minima. — Un des thermomètres à minima les plus employés est celui de *Rutherford*.

Dans l'alcool incolore est noyé un petit index en émail terminé par deux boules. Avant la mise en place, on incline l'appareil de façon à amener l'index au contact de l'extrémité de la colonne de liquide. On le suspend ensuite, le réservoir en bas, en prenant soin de l'incliner très légèrement. Quand l'alcool se contracte et descend par suite de l'abaissement de température, il entraîne l'émail avec lui, mais, par contre, il ne peut le soulever si la température vient à monter, de sorte que l'extrémité de l'index la plus éloignée du réservoir marque le degré thermométrique minimum. On remet l'appareil en état en l'inclinant pour faire glisser de

3

nouveau l'émail jusqu'à l'extrémité de la colonne d'alcool.

On doit prendre garde qu'aucune bulle d'air ne se glisse dans le liquide. Si cela était, on ferait tourner rapidement le thermomètre attaché par son sommet, pour la circonstance, à l'extrémité d'une ficelle dont on tient l'autre bout à la main. Sous l'influence de la force centrifuge qui se développe pendant la rotation, l'air se ramasse au-dessus de la colonne, la bulle étant chassée par le liquide plus lourd qui se dirige vers la périphérie.

3. Psychromètre. — L'état hygrométrique de l'air est la proportion relative de vapeur d'eau qu'il renferme et qui est surtout placée sous la dépendance de la température. L'hiver, l'atmosphère peut être très humide avec peu de vapeur d'eau et au contraire, l'été, très sèche avec beaucoup ; dans ce dernier cas, la température élevée favorise la dissolution de la vapeur dans l'air, tandis qu'en hiver elle a moins de tension ; elle est plus voisine de son point de saturation. Le degré d'humidité ou fraction de saturation est la quantité de vapeur que contient l'air au moment de l'observation, par rapport à celle qu'il contiendrait s'il était saturé, c'est-à-dire s'il avait dissous tout ce qu'il est capable d'en dissoudre, à la même température.

En représentant ce maximum par 100, le degré d'humidité s'indique par exemple par 95 o/o, 90 o/o, etc.

Quand il est compris entre 100 et 90, ou comme l'on dit vulgairement, entre 100° et 90° l'air est très humide ;

Entre 90° et 80° humide ;

Entre 80° et 70° sec ;

Entre 70° et 60° très sec ;

Entre 60° et 50° excessivement sec.

Ce n'est qu'exceptionnellement que l'état hygrométrique descend au dessous de 50°.

Pour cette recherche, on emploie ordinairement le *psychromètre d'August*. Il est composé de deux thermomètres ordinaires fixés parallèlement sur un même support. L'un d'eux a son réservoir entouré d'un morceau de fine batiste dont l'extrémité inférieure trempe dans une petite cuvette pleine d'eau non calcaire ou encore d'eau bouillie ou de pluie, qui ne laissent aucun dépôt sur le réservoir du thermomètre, vers lequel elle monte par capillarité. C'est le thermomètre dit mouillé. On comprend que la température qu'il indique sera d'autant plus basse que l'air sera plus sec, l'évaporation plus active. C'est donc la différence t-t' entre la température t du thermomètre sec et celle du thermomètre mouillé t' qui donnera une idée de l'état hygrométrique. Si t-t' est très grand, c'est que l'évaporation est intense, par conséquent l'humidité relative de l'air faible, et il y a alors chance de gelée, surtout si le thermomètre sec est voisin de zéro, car, dans ces conditions, le rayonnement sera très prononcé. C'est le cas pour le midi avec les vents persistants des N.-N.-O, du N.-E. et de l'E.

Le ciel resté alors pur, l'atmosphère devient très sèche. Il importe de faire la vérification le soir au moment où la chaleur solaire ne peut plus intervenir, au coucher de l'astre, par exemple ; entre 4 et *6 heures*, suivant que l'on est en automne ou au printemps. On peut, en se reportant à des tables spéciales, avoir le rapport entre la proportion de vapeur existant au moment de l'expérience et celle que l'air en contiendrait s'il était saturé. C'est là un mode opératoire qui n'est pas toujours simple pour les cultivateurs.

Voici cependant un extrait de la table du psychromètre, suffisant pour les observations agricoles dans lesquelles l'agriculteur ne s'attache pas à déterminer le degré hygrométrique exact :

Température t' du thermomètre mouillé	DIFFÉRENCE DE TEMPÉRATURE $(t - t')$																
	0°	0°5	1°	1°5	2°	2°5	3°	3°5	4°	4°5	5°	5°5	6°	6°5	7°	7°5	8°
Réservoir couvert de glace — 10°	100	84	69	55	42	30											
5°	100	87	77	67	57	46	40	32									
0°	100	91	82	75	67	60	53	48	41	35							
Réservoir imbibé d'eau — 0°	100	90	81	73	64	57	50	42	36	31							
5°	100	93	85	77	71	65	59	53	48	43	39	34					
10°	100	94	86	81	76	71	66	61	57	54	50	44	41	38			
15°	100	95	89	84	80	75	71	66	61	57	55	52	49	46	43	41	37
20°	100	95	91	86	82	78	74	71	66	62	61	58	55	52	48	46	44

Les constructeurs ont cherché à faciliter encore les opérations en présentant de petits appareils où une simple manipulation rapide permet d'avoir quelque probabilité sur la venue de la gelée. La production de cette dernière étant sous la dépendance d'un tel nombre de facteurs, il ne faudrait pas, toutefois, accorder une confiance illimitée aux indications qu'ils fournissent. Nous donnons la description d'un instrument dont le fonctionnement est très commode (1).

4. Le pagoscope. — Il se compose de deux thermomètres sec et mouillé (psychromètre), fixés sur une tablette en zinc verni. Au milieu, entre les deux thermomètres, se trouve une sorte de tableau constitué d'abord par une série de lignes horizontales équidistantes, chacune d'elles correspondant à un degré du thermomètre sec dont le chiffre est placé à l'extrémité. En outre, en haut sont représentés sur un arc de cercle les degrés du thermomètre mouillé devant lesquels peut se déplacer la flèche d'une aiguille fixée au bas du tableau et en son milieu. La partie de ce dernier sur laquelle sont tracés les traits horizontaux correspondant aux degrés du thermomètre sec est divisée en trois zones : rouge, jaune et verte.

On fait l'observation le soir, comme nous l'avons dit dans le procédé Kamermann, et l'emploi du psychromètre vers le coucher du soleil, en disposant l'appareil à l'ombre, au nord et à environ 60 centimètres au-dessus du sol. Une demi-heure après, on lit le degré du thermomètre mouillé, et l'on amène alors l'aiguille sur le chiffre correspondant de l'échelle en arc de cercle marquée dans le haut du tableau. On prend ensuite la température qu'indique le thermomètre sec, et l'on se reporte de même à la ligne horizontale correspondante. On remarque

____

(1) On se le procure à la Maison Bernel-Bourette, 36, rue de Poitou, à Paris,

en quel point cette ligne croise l'aiguille. Si l'intersection se trouve dans le vert, il n'y a pas danger de gelée; si elle est dans le jaune, elle peut se produire, sans que cela soit certain.

Enfin, si le point de croisement est dans le rouge, il faudrait réellement s'attendre à la venue du météore redouté.

L'appareil porte d'ailleurs lui-même toutes les indications rappelant la signification des couleurs ou autres données nécessaires.

CHAPITRE II

LA VIGNE ET LES GELÉES

§ I. — État du sol et des lieux pouvant favoriser la production des gelées blanches dans les vignobles.

Ce sont les arbres fruitiers et les vignes qui ont le plus à souffrir des gelées de printemps. Il existe cependant des moyens qui permettent de prévenir les effets désastreux d'un rayonnement nocturne trop intense.

Et d'abord, remarquons que l'on tire aisément de ce qui précède concernant les facteurs qui favorisent l'irradiation du calorique vers les espaces célestes, des conclusions de nature à éclairer l'agriculteur sur les risques que peuvent courir les cultures qu'il se propose d'entreprendre ou celles qu'il dirige.

Ce sont les *bas-fonds*, avons-nous dit, qui sont tout désignés comme devant servir de réceptacle à l'air froid stagnant. Il est simple alors de penser que dans les régions sujettes aux gelées on doive s'abstenir, autant que faire se peut, de planter des végétaux qui redoutent particulièrement le fléau en question, de par leur végétation hâtive.

En ce qui concerne la vigne, par exemple, et c'est d'elle que nous allons nous occuper ici, étant donnée l'importance de sa culture, il convient de lui réserver plus spécialement les côteaux bien exposés, comme on le fait en Champagne, en Bourgogne et dans le Beaujolais.

La *circulation* assez *active* de *l'air*, avons-nous dit encore, l'empêche de trop se refroidir au contact des végétaux, en même temps qu'elle amène vers ces derniers de nouvelles couches plus chaudes. Certains n'ont-ils pas proposé, se basant sur ces faits, de faire brasser l'air au moment psychologique par des sortes d'hélices horizontales fixées à des mâts ? On conseille encore, dans le même but, de mettre à profit les canons grélifuges pointés horizontalement, ou les marrons d'artifice que l'on fait éclater dans l'air, et dont les détonations produiraient, pense-t-on, une agitation salutaire de l'atmosphère dans le voisinage du sol.

Le professeur Carlo-Marangoni, de Florence, aurait ainsi obtenu à Asti des résultats appréciables avec les canons. Dans tous les cas, il est certain que la proximité d'un rideau d'arbres, d'un bâtiment, d'une haie, qui interceptent tout mouvement de l'air, est plutôt nuisible. Il en serait de même des forêts, qui, en outre, par la grande surface d'évaporation qu'elles présentent, sont une cause de refroidissement.

Lorsqu'il s'agit d'un abaissement intense et général de la température de l'atmosphère occasionné par des vents très froids, on ne saurait cependant nier l'action protectrice de ces abris.

Certaines *façons culturales* ou autres appliquées au moment où les gelées sont à craindre peuvent favoriser la perte de calorique du sol et de l'air ambiant, et doivent être, de ce chef, autant que possible évitées.

Disons d'abord que le voisinage des prairies, des blés, des landes, la présence de cultures intercalaires, d'herbes ordinaires entre les souches, sont une cause de rayonnement, une source d'évaporation assez intense, et augmentent, par conséquent, le danger pour les végétaux de plus grande taille croissant sur le même terrain. Un thermomètre placé sur le gazon indique une température inférieure à celle d'une terre nue. On peut ajouter que la végétation adventice gêne par elle-même la circulation de l'air froid, qui tend à s'écouler dans les parties les plus basses.

Les cultures dérobées de plantes à port assez élevé, semées en octobre, novembre, comme le colza, la navette, etc., abritent en avril et mai les ceps qu'elles dominent.

En général donc, le sol doit être tenu parfaitement propre par des façons culturales d'hiver ou de premier printemps. Pour les petites surfaces il est préférable d'opérer les sarclages à la main. On ne doit pas oublier, en effet, que la terre étant nouvellement remuée par un *labour*, sa surface d'évaporation et son pouvoir émissif sont *augmentés* d'autant, surtout avec de grosses mottes. Celles-ci forment, en outre, une solution de continuité empêchant les couches inférieures de céder leur calorique aux portions qui les recouvrent. D'autre part, les dénivellations qu'elles produisent mettent obstacle, sur les pentes, à l'écoulement de l'air froid. Enfin, la terre fraîchement remuée a une couleur plus brune, condition qui exalte encore l'émission de la chaleur.

En résumé, on devra donc, autant que possible, façonner le sol avant la mi-avril et abandonner le travail jusqu'après la deuxième quinzaine de mai, ou tout au moins s'abstenir de labourer quand les gelées sont à craindre. -

Avec un simple raclage remplaçant le labour les gelées blanches sont moins fréquentes et moins intenses.

Nous avons vu plus haut que le plombage du sol, qui en rend la surface dure et compacte, est de nature à pallier les inconvénients d'un labour récent. Par contre, il faut se garder de répandre au printemps des matières *mauvaises conductrices* de la chaleur, telles que fumier pailleux, feuilles et surtout paille, qui arrêtent les rayons calorifiques que la terre peut envoyer aux végétaux. Dans le même ordre d'idées, on diminue la fréquence des gelées blanches dans les endroits tourbeux en les recouvrant d'une couche de sable de 10 à 12 cm. d'épaisseur qui s'échauffe pendant le jour et cède ensuite la nuit une partie du calorique à l'air ambiant.

§ II. — Moyens préventifs contre les gelées.

1. — Ruellage. — Mettant à profit la densité plus grande de l'air froid, il est conseillé de tracer *longtemps à l'avance*, entre les rangées de vignes, à l'aide d'une charrue à deux versoirs, un sillon un peu profond dont on tasse les pentes latérales, que l'on tient également vierges de toute végétation. Ces sortes de ruisseaux à air froid, appelés *ruelles* dans certaines régions, produisent souvent de bons effets.

Les ceps sont en même temps buttés de quelques centimètres.

2. Arrosages et submersion. — Si un sol frais prédispose aux gelées lorsqu'un vent sec vient à souffler et activer l'évaporation, une très grande humidité, au contraire, est salutaire et peut même protéger les vignes contre les gelées à glace, comme on l'a constaté bien des fois. La vapeur d'eau produite forme un brouillard qui arrête au passage les rayons calorifiques se dégageant des jeunes pousses.

Ainsi donc, une terre très humide se refroidit plus lentement qu'une terre sèche. L'eau, on le sait, a une grande chaleur spécifique et elle fait office, pour ainsi dire, de volant de calorique. A ce point de vue, le voisinage des cours d'eau est favorable.

Nous avons vu que les recherches de M. H. Petit ont constaté le matin en faveur d'une terre saturée d'eau un excédent de température de 2°6 à une profondeur de 1 centimètre, et de 1°2 à la surface.

Il n'en est pas de même lorsque le sol est simplement frais. Ainsi, M. Carré, professeur départemental d'agriculture, cite le cas (1) d'un terrain desséché par une assez longue sécheresse et dans lequel une gelée de — 3° à — 4° n'occasionna aucun dégât à des pousses de 15 à 20 cm, alors que souvent une simple gelée de 1° fait tort à des vignes situées dans un sol mouillé par une récente pluie.

Si la terre saturée d'eau est moins sujette aux gelées blanches, ce n'est pas sans raison que l'on conseille à cette fin d'arroser au printemps, ou de retarder un peu l'époque de la submersion, pour les cépages qui sont soumis à cette pratique contre le phylloxéra. Les irrigations modèrent d'ailleurs la végétation ; elles constituent, avec l'application des nuages artificiels, les procédés les plus recommandables. Cependant, les arrosages ne peuvent être mis partout à contribution, car ils supposent que l'on dispose d'une quantité d'eau suffisante, ce qui n'est pas toujours possible. En maintes circonstances, on a constaté les bons effets de cette méthode dans les exploitations où l'on met régulièrement l'eau dans les vignes pour prévenir les gelées.

Il nous suffira de citer pour mémoire les vignobles de M. Trouchaud-Verdier dans le Gard, ceux de M. Pierre Causse dans l'Hérault, et encore dans le territoire de Pernes et au hameau de Vignères, dans le Vaucluse, cas que rapporte M. Zacharewicz, professeur départemental d'agriculture (2).

3. Inconvénients des irrigations. — Les irrigations de printemps ne sont pas cependant sans

---

(1) *L'Agriculture Nouvelle*, 1896.
(2) *Le Réveil Agricole*, 1895.

présenter quelques inconvénients. D'abord, **par le tassement**, le durcissement qu'elles occasionnent dans le sol, elles annihilent les bienfaits des labours d'aération donnés en hiver. On comprend que lorsqu'on les adopte il est prudent, dans les façons précédentes, de ne répandre parmi les engrais que ceux qui sont insolubles, comme le fumier de ferme, les chiffons, la corne. Quant aux matières solubles, telles que le nitrate de soude, on ne doit les appliquer qu'après.

Le séjour de l'eau pendant un mois et demi à deux mois s'oppose à ce que l'on entre dans la vigne au moment où la végétation, prenant de nouveau son essor, réclame des soins particuliers de culture ou de protection contre les ennemis de la vigne, l'altise en particulier. On sait, en effet, combien ces arrosages poussent à la végétation adventice des mauvaises herbes au retour des premières caresses du soleil de printemps.

S'ils ont pour effet immédiat d'enrayer un moment l'exubérance de la sève, il n'en est pas moins vrai qu'ensuite la vigne part d'une façon exagérée, et que cette vigueur particulière pousse à la production du bois plutôt qu'à celle du fruit et peut, en outre, favoriser la coulure.

Pour M. Ladreit de la Charrière, l'humidité excessive du sol facilite les gelées profondes lorsque le froid est assez intense pour déterminer des gelées à glace.

Enfin, dans les terrains calcaires, les arrosages provoquent la chlorose.

Malgré ces petits côtés défavorables à la culture, on ne saurait déconseiller les irrigations, dont l'efficacité contre les gelées s'est affirmée indiscutablement. Il s'agit avant tout de sauver la récolte, dont l'anéantissement réduirait d'ailleurs à néant aussi tout le fruit des façons que leur non application aurait pu permettre. On doit donc, malgré ce revers de la médaille, placer en première ligne ce moyen de combat préconisé par M. Chauzit, le distingué professeur du Gard.

4. Cépages à débourrement tardif. — Les gelées blanches étant à craindre dès la fin mars, il est prudent de ne cultiver dans les endroits qui y sont exposés que des cépages à débourrement tardif, ou encore d'échelonner les plantations, les vignes vieilles se mettant plus tard que les jeunes en végétation.

Des trois cépages classiques du Midi où le renouveau printanier est en avance sur le Centre et le Nord, c'est l'aramon qui débourre le premier ; puis vient le petit bouschet et enfin la carignane. Le cabernet-sauvignon (Gironde) craint également la gelée à cause de sa mise à bourgeons précoce.

Le grand noir de la calmette, l'aspiran, le cinsaut, l'espar, le morastel, les seibels, sont tardifs.

On peut citer encore comme résistant à la gelée le meslier, le meunier, le pineau gris (nord), l'alligoté (Bourgogne), la mondeuse, le hibou noir (Isère et Savoie), les hybrides Couderc 503-504.

On doit remarquer que, d'une façon générale, les fortes fumures azotées ont l'inconvénient de provoquer un débourrement hâtif, sans compter qu'elles favorisent la coulure. Quand la fumure est volumineuse (fumier de ferme), elle isole la souche du sol et l'empêche de lui emprunter une partie de son calorique. L'aliment azoté prolongeant la végétation en automne expose aussi mieux les tiges.

Les engrais phosphatés, au contraire, qui favorisent la maturation du raisin et des sarments, atténuent sur ces derniers les effets des gelées précoces de l'automne.

Comme l'a fait observer M. Guillon, directeur de la station viticole de Cognac, il est possible de réserver sur les souches de même variété à maturité hâtive placées dans les mêmes conditions, les greffons fructifères qui débourrent le plus tard possible, et les employer de préférence dans le greffage à ceux qui débourrent tôt.

5. Taille tardive. — Certaines pratiques ont une influence retardatrice sur le moment où les yeux des coursons s'épanouissent. Nous avons déjà signalé les arrosages et la submersion comme concourant à ce but.

Une taille tardive produit aussi à ce sujet, une action salutaire. On ne peut cependant, dans une grande exploitation, attendre le mois de mars, par exemple, pour commencer la toilette des souches avec le sécateur; il faudrait à ce moment disposer d'un trop grand nombre de tailleurs à la fois. Il est simple, cependant, de tourner la difficulté et d'employer un moyen terme. Pendant l'hiver, on enlève les sarments inutiles (curage), et l'on rabat à moitié ou à environ 40 centimètres les bois à fruits que l'on veut conserver. A la fin de l'hiver, au premier printemps, fin mars ou début avril, on revient ensuite achever la taille de ces derniers, ce qui est mieux que de se contenter d'enlever de haut en bas les bourgeons inutiles.

C'est là la méthode connue sous le nom de *fiançailles* ou *espoudassage*. Certains même conseillent de ne laisser qu'un long bois (corne) par souche, que l'on peut supprimer au besoin ou rabattre, ou encore simplement ébourgeonner.

L'espoudassage exige, il est vrai, certains frais supplémentaires, une vingtaine de francs par hectare, pour revenir au moment propice compléter l'œuvre de la première taille. Nous verrons, cependant, plus loin, que par une modification de la méthode, on peut se dispenser en dernier lieu de raccourcir les longs bois.

6. Inconvénients de la taille tardive. — La taille tardive, dit-on, à la longue, épuise un peu la souche, car une grande quantité de sève se perd par les plaies du sécateur. On lui reproche encore de retarder l'exécution des labours et l'application des engrais. En ce qui concerne le premier fait, l'inconvénient serait à retenir si l'on attendait trop tard pour dépouiller entièrement la souche; mais l'argument n'a pas la même portée avec la taille en deux fois que nous venons d'indiquer.

Au réveil de la végétation, les bourgeons du haut, sur les longs bois, s'épanouissent les premiers, tandis que ceux du bas ne partent que plus tard, de sorte qu'en cas de gelée ces derniers ne courent pas la chance d'être détruits. Le docteur Guyot dit même que l'on peut attendre pour tailler que les bourgeons aient atteint quelques centimètres.

Il n'en est pas moins vrai que la perte de sève peut être préjudiciable à la végétation. L'écoulement des « pleurs » précède de 20 à 30 jours le débourrement, dès que la température est de 10 à 14 degrés, suivant les variétés.

On accuse aussi la sève qui s'écoule sur les bourgeons conservés de porter préjudice à ces derniers.

Au point de vue de l'épuisement du cep, il faut remarquer que si au début de la végétation le liquide en question n'est pas très riche en principes nutritifs, il en est autrement lorsque les bourgeons sont épanouis, qu'ils se sont allongés et qu'ils reçoivent alors la sève dite élaborée. A la rigueur, il est possible, comme le dit M. Zacharewicz, de tailler au milieu du nœud situé au-dessus du dernier bourgeon conservé, puis de faire suivre deux tailleurs par une femme qui touche les plaies avec un petit tampon de drap lié à l'extrémité d'un roseau, que l'on trempe dans une solution de sulfate de fer à 20 %. La plaie noircit et l'épanchement s'arrête.

La taille tardive était appliquée couramment par nos pères : un dicton même invoqué dans la Marne dit à ce sujet :

« Taille et bêche en mars,
S'il y a du vin tu en auras ta part ».

Toutefois, il y a 3oo ans, dans la Bourgogne, la Champagne, la Franche-Comté, l'efficacité de la taille en question était plutôt controversée, si l'on en croit cette autre opinion :

> « Taille tôt, taille tard en mars,
> S'il y a du vin tu en auras ».

On comprend qu'avec la taille de mars, les sarments restant sur pied plus longtemps, la sève trouve un plus grand espace pour se répandre et ne se concentre pas sur les quelques bourgeons laissés dans le cas contraire par une taille hâtive pour les faire se dégager plus tôt. En outre, les plaies de la taille de mars étant entretenues fraîches par la sève, le trop-plein de celle-ci trouve ainsi un exutoire.

Il y a une trentaine d'années, M. Picot conseillait le procédé suivant :

1° Curage des ceps en novembre en laissant seulement les sarments fructifères, plus une *corne* ou exutoire.

2° Suppression fin mars ou début avril de la corne, laquelle laisse une plaie par où s'échappe l'excès de sève. En même temps, on taille les autres sarments, ou on ne leur retranche qu'une partie de leur longueur, pour achever la taille complète plus tard.

On comprend qu'un pareil procédé deviendrait onéreux pour les exploitations de grande étendue.

7. Badigeonnage au sulfate de fer. — Le badigeonnage au sulfate de fer jouit également de la propriété de retarder le débourrement d'une dizaine de jours. Il est préférable, dans ce but, de ne l'appliquer qu'environ deux semaines avant la sortie des bourgeons, c'est-à-dire en fin février dans le midi. Pratiqué en automne, comme le procédé Rassiguier employé pour combattre la chlorose, il produirait un effet plutôt contraire.

C'est là un mode opératoire simple et économique. On sait, en outre, que l'administration du sulfate de

fer acide aux souches est spécifique contre l'anthrac-
nose et les insectes. Les doses d'ingrédients sont
d'environ 50 kilos de sulfate de fer, avec un litre
d'acide sulfurique dans cent litres d'eau.

On en imprègne de bas en haut tous les coursons
et la souche pour détruire les multiples parasites
auxquels elle peut donner asile. Si les bourgeons
étaient déjà gonflés, il serait prudent de ne pas les
mouiller avec le liquide et de ne badigeonner que le
bois, à moins que l'on n'emploie que le sulfate de fer.

Pour simplifier la besogne, le plus souvent le traitement se fait au moment même de la taille, à l'aide
de femmes qui suivent les tailleurs. On peut l'appliquer également sous forme de pulvérisations ; mais,
dans ce cas, les appareils doivent être doublés inté-
rieurement de plomb, pour éviter leur détérioration
par l'acide.

L'emploi du liquide de Balbiani contre l'œuf d'hiver du phylloxéra s'est montré également propice au
débourrement tardif. Pour préparer la mixture, on fait
dissoudre 60 parties de naphtaline brute solide dans
20 parties d'huile lourde de gaz. On arrose, d'autre
part, 120 parties de chaux vive avec un peu d'eau de
façon à la faire fuser, et l'on verse dessus le premier
mélange en malaxant bien. On achève alors d'ajouter
le reste des 400 parties d'eau totale que l'on doit
employer pour cette préparation. On applique sur la
souche après la taille, en février-mars.

Le sulfure de carbone appliqué en mars retarde
aussi la végétation.

**8. Hauteur des souches et longueur des sar-
ments.** — On comprend aisément que les souches
élevées doivent moins souffrir des gelées blanches
que celles qui ne maintiennent leurs coursons que
peu au-dessus du sol ; avec les premières, les bourgeons émergent de la nappe d'air froid qui recouvre
la surface. On peut comparer ce fait à l'exemple clas-

4

sique cité par tous les professeurs de chimie pour mieux fixer dans l'esprit de leurs élèves que le gaz carbonique est plus lourd que l'air. La grotte du chien, à Pouzzoles, près Naples, reçoit des émanations du gaz en question; or, le cicerone qui accompagne là le visiteur conduit avec lui un pauvre toutou qui, à peine arrivé dans la grotte, est pris des transes de l'asphyxie, car, de par sa faible taille, il est entièrement submergé par l'anhydride carbonique, tandis que les personnes émergent de la couche délétère et ne sont point incommodées.

Il est donc certain que les vignes en hautains, les treilles de l'Isère et de la Savoie, sont placées, au point de vue qui nous occupe, dans des conditions plus favorables que les souches basses de la Provence et du Languedoc.

Avec les vignes conduites à la taille longue, il est facile de ne coucher les sarments taillés ou de ne les courber que vers le 15 mai; lorsque la période des gelées est passée, on peut, avec quelques précautions, ne point endommager les jeunes bourgeons épanouis.

Dans les cordons sur fil de fer, s'il y a superposition, le second rang se trouve souvent assez élevé pour que, dans le cas d'un trop fort rayonnement nocturne, il y ait peu de crainte de le voir atteint.

Avec les cordons unilatéraux permanents, on relève ceux-ci à 45 degrés environ après la taille, quand la chose est possible, à l'aide d'un lien unique fixé au fil de fer supérieur, jusque vers la mi-mai, époque après laquelle on les replace horizontalement. M. Carré, professeur départemental, a vu ce procédé donner de très bons résultats dans la Loire-Inférieure. D'après M. de la Rochemacé, avec les cordons de Royat, le relevage exécuté par une femme revient à 7 fr. et le couchage à environ 14 fr., soit en tout 21 fr. pour environ 4 hectares ou 5 fr. par hectare.

En grande culture, dans les régions prédisposées

aux gelées, on peut établir le cordon à demeure à 6o centimètres du sol.

Il est encore conseillé pour les cordons unilatéraux de laisser sur chaque pied un sarment libre, entier, vertical, que l'on couche après l'avoir taillé ou ébourgeonné, pour ne lui conserver que le nombre de bourres normal lorsque la gelée est passée.

Avec la taille en gobelet, la conduite est plus difficile; mais il est possible d'apporter une modification à *l'espoudassage* dont il a été question plus haut.

Elle consiste à n'appliquer la taille incomplète qu'à un ou deux bras par souche, les autres recevant la taille ordinaire. On conserve ainsi quelques longs bois, mais auxquels on ne touche plus, ce qui évite les frais qu'exigeait le rabattement ultérieur. Si la gelée atteint les vignes, cette branche de secours dite pisse-vin (centre et midi), arme (S.-O.), aste (Gironde), courgée (Est), sautelle, coursonne, etc., en pallie les funestes effets, car elle produit toujours un peu : dans le cas contraire, elle augmente encore la récolte sans trop de préjudice pour la vigueur de la vigne, car ce long bois ne donne guère que dans les deux ou trois pousses de l'extrémité. On comprend, toutefois, qu'il ne puisse, pour la taille suivante, fournir des coursons bien disposés. Il faut alors ménager à sa base un courson de remplacement qui forme *crochet* avec lui.

§ III. — Moyens préservatifs

Les pratiques culturales que nous venons d'examiner tendent, en général, à retarder le départ de la végétation, de façon à éviter aux jeunes bourgeons une sortie trop précoce qui pourrait leur être pernicieuse.

Une autre série de procédés a pour objet d'atténuer l'intensité du rayonnement nocturne lui-même, véritable source du mal, de façon à préserver les pousses frêles encore qui auraient déjà pris leur essor.

1. Poudrages. — Nous ne signalerons que pour mémoire l'épandage de la chaux sur le sol. On sait, d'après ce que nous avons dit, que les matières de couleur claire ont un pouvoir émissif bien moindre. Malheureusement, le procédé en question est peu pratique pour les grandes étendues de terrain. Il serait d'ailleurs insuffisant contre le rayonnement des parties vertes elles-mêmes de la vigne. En outre, lorsque le calorique irradie du sol, ne contribue-t-il pas à réchauffer l'air ambiant ? Dans tous les cas, l'usage des poudres appliquées directement sur les jeunes bourgeons est plus recommandable. Suivant leur nature, ces ingrédients projetés sur les parties à protéger s'opposent au rayonnement par suite de leur couleur, ou encore absorbent l'humidité qui se trouve à leur surface, et empêchent son évaporation, prévenant ainsi l'abaissement de température qui résulte de ces deux phénomènes. Enfin, s'ils sont additionnés de soufre, par exemple, ils constituent un remède préventif contre l'oïdium.

On a remarqué, en effet, depuis longtemps, que les premières rangées de vignes qui bordent les routes, et qui sont souvent couvertes de poussière, sont bien des fois épargnées par les gelées.

Le D' Giotti, qui a fort préconisé ce mode de protection, très répandu aujourd'hui en Italie, propose de poudrer les jeunes bourgeons dès leur apparition avec un mélange de 1/3 de *soufre* et 2/3 de *cendres de bois.* S'il s'agit du soufre sublimé, on peut porter les cendres à 3/4. Il est certain qu'il est possible d'employer à la place de ces dernières de la chaux bien fusée et conservée dans un lieu sec, ou encore du plâtre. Ces deux derniers ingrédients absorbent mieux l'humidité, mais, par contre, les cendres seraient plus adhérentes. Le soufre de Biabaux, qui contient des particules bitumineuses assez lourdes, le soufre d'Apt, conviennent également. On peut employer, bien entendu, les soufreuses ordinaires pour faire l'application.

Quand rien ne trouble l'action du produit ainsi utilisé, son efficacité n'est pas douteuse. Malheureusement, le vent et la pluie viennent souvent le réduire à néant et obligent à donner ces poudrages successivement à plusieurs reprises.

On a conseillé encore un *lait de chaux* à 10 o/o auquel on ajoute quelquefois 1 o/o de *sulfate de cuivre*.

Le procédé Landry consiste à pulvériser sur les ceps et les pousses un liquide obtenu en diluant dans *10 litres d'eau chaude 1 kil. 5 de chaux éteinte et 1/2 kil. de soufre*, puis on étend dans 100 litres d'eau.

Les sulfatages précoces contre le mildiou sont également efficaces à l'égard du rayonnement nocturne, grâce au recouvrement solide qu'ils laissent à la surface des parties traitées. On a ainsi signalé, entre autres, un vignoble du Loir-et-Cher, d'une étendue de 20 hectares sulfaté du 5 au 10 mai, et qui a échappé par ce moyen aux gelées des 11, 12 et 13 mai 1897. On a conseillé de pulvériser sur les bourgeons *non épanouis* de l'eau chargée par trois litres d'une poignée de sel marin dénaturé.

Quant aux simples poudrages, M. Sabatier, professeur départemental d'agriculture, cite le cas d'une vigne poudrée le 18 avril 1897, puis le 2 mai, après trois jours de forte pluie, et qui traversa saine et sauve les gelées de la même époque, qui grillèrent toutes les vignes du voisinage.

M. Bouchard a vu ce mode de protection réussir dans le Maine-et-Loire sur une parcelle de vigne située sur la côte du Layon. Avec du plâtre on put la soustraire complètement à la gelée du 12 mai. Enfin, on a encore signalé les bons effets de la méthode en question dans le Vaucluse, la Haute-Garonne, en Italie, etc...

On est d'accord pour reconnaître que l'on doit rejeter dans ce système de préservation les enduits résineux, huileux, qui tendent plutôt, d'ailleurs, à retarder le débourrement.

2. Nuages artificiels

A. HISTORIQUE. — On a vu que le rayonnement nocturne n'entraînait pas de conséquences fâcheuses pour les végétaux lorsque des nuages s'interposaient entre ces derniers et les espaces célestes. On a cherché dès lors, quand ces abris naturels font défaut, à les suppléer par des écrans artificiels qui, en outre, au matin, interceptent les rayons du soleil et empêchent le dégel rapide. On utilise à cet effet soit la fumée donnée par certains combustibles, soit les écrans mobiles. Les nuages artificiels ne sont pas toujours efficaces, étant donnée l'impossibilité où l'on se trouve de les produire au moment propice, de déterminer leur durée d'action, etc. En outre, chose plus grave, ils peuvent être entraînés hors de la zone à protéger, d'où la nécessité pour les intéressés des régions à propriété morcelée de s'unir pour lutter contre l'ennemi commun.

Il faut reconnaître que le procédé est économique et l'agent protecteur vite établi. C'est la méthode qui a été reconnue la plus efficace dans les expériences conduites en 1903 en Allemagne pour garantir les vignes et les arbres fruitiers contre la gelée.

Quant aux abris mobiles, ils coûtent cher et demandent beaucoup de main-d'œuvre.

L'idée de protéger les récoltes par la production de la fumée n'est pas neuve.

Pline disait déjà : « quand vous avez des craintes de gelées, brûlez dans les vignes et dans les champs des sarments ou des tas de paille, d'herbes, de broussailles, la fumée sera un préservatif. » Columelle exprimait la même opinion. Les Indiens n'ignoraient pas non plus l'efficacité de cette méthode ; ils savaient en tirer parti lorsque par un temps calme et un ciel pur ils redoutaient l'arrivée du météore destructeur. Olivier de Serres écrivait à ce sujet : « les gelées sont aucunement détournées de la vigne si, en les prévenant, on fait en plusieurs lieux d'icelle de grosses et espesses fumées avec des pailles humides et les fumiers demi-pourris, lesquelles rompant l'air dissolvent ses nuisances. » Voici encore l'opinion d'un agronome plus moderne, Boussingault : « Par un emploi judicieux de combustibles de peu de valeur, on trouvera probablement que la fumée est l'écran le plus économique qu'on puisse se procurer pour abriter, lorsque l'abri est nécessaire, soit les fleurs d'un jardin, soit les arbres d'un verger : écran que l'on n'aura pas à transporter, à déplacer, et infiniment moins embarrassant que les paillassons que l'on ne sait où mettre une fois que l'on n'en a plus besoin. »

B. CONDITIONS QUE DOIVENT REMPLIR LES NUAGES ARTIFICIELS. — Les nuages artificiels agissent en partie par leurs fines particules de carbone qui se précipitent peu à peu, mais qui absorbent très facilement la chaleur irradiée par les végétaux et le sol, et la leur renvoient. La fumée doit donc être *épaisse* pour renfermer le plus possible de cette matière, et, en outre, *abondante*, *lourde* et *persistante*, pour bien recouvrir et protéger le vignoble à une faible hauteur.

Cependant, le carbone n'est pas tout, et, contrairement à l'opinion générale, ce ne sont pas les fumées les plus noires qui sont les plus efficaces ; on sait que cette couleur facilite l'émission du calorique, qui, traversant alors le nuage, se perd dans l'espace. L'idéal serait qu'elles fussent *jaunes ou blanches* pour mieux réfléchir les rayons de chaleur qui leur viennent d'en bas. Cette dernière condition se trouve réalisée avec la *vapeur d'eau* et celle de divers liquides combustibles, qui distillent en grande partie au lieu de brûler comme le goudron, par exemple, dans certains foyers industriels. La vapeur d'eau, outre qu'elle contribue à rendre la fumée plus lourde, est une source de chaleur. On sait qu'à égalité de densité elle absorbe mille fois plus de calorique que l'air, calorique qu'elle cède à l'atmosphère lorsqu'elle se condense. C'est pour cette raison que l'on emploie des matières combustibles humides, ou que l'on asperge d'eau les foyers en combustion. Le purin, les produits ammoniacaux, un mélange de chaux et de chlorhydrate d'ammoniaque, conviennent parfaitement, car ils contribuent à former un écran athermane, par excellence.

C. — Matériaux combustibles

A. MATIÈRES LIGNEUSES. — Il faut autant que possible employer des matières combustibles d'un prix économique, tout en cherchant à se rapprocher des conditions énumérées ci-dessus. On cite à cet effet les *balles de céréales*, le *mauvais foin*, les *herbes*, les *feuilles*, la *paille*, la *mousse*, les *racines de chiendent*, le *gazon*, la *sciure*. Ces divers ingrédients imbibés d'eau donnent une fumée blanche ; malheureusement ils brûlent vite et demandent une grande surveillance.

Les *sarments* de taille sont très abondants, on le sait, dans les vignobles ; il est même quelquefois assez difficile de s'en débarrasser économiquement : ils paraissent donc tout désignés pour constituer la base des foyers en question. Notre camarade et ami M. Gouirand, sous-directeur de la station viticole de Cognac, estime d'après les expériences faites à la station avec des sarments trempés dans du coaltar, des récipients où le coaltar brûlait seul, et des foyers du commerce, que ce sont les *sarments* trempés dans les *huiles lourdes* qui donnent les meilleurs résultats. Après avoir laissé égoutter l'excès de liquide, on dispose ces derniers en petits tas autour du champ pour les avoir constamment à portée de la main. Ils donnent une fumée épaisse, lourde et jaune, à cause de l'humidité du bois.

Ajoutons que ces expériences datent de 1897, et que, depuis, les foyers industriels ont été perfectionnés.

Il est facile, d'ailleurs, de faire intervenir le coaltar, les huiles lourdes, le goudron, comme accessoires activant la combustion dans les foyers naturels constitués par des débris divers, branches d'arbres résineux, pailles, etc...

On a reproché aux foyers naturels d'être difficiles à déplacer, de sorte que dans le cas où une saute de vent survient, il n'est guère possible de les transporter rapidement du côté du champ le plus propice pour la défense. Ils exigent, en outre, plus de main-d'œuvre. D'autre part, on ne pourrait les éteindre au moment voulu, chose commune avec les marmites de goudron, par exemple, où les produits industriels. Si les tas disposés autour du vignoble ne sont pas utilisés dans l'année, ils peuvent servir de refuge à une foule de parasites, insectes ou autres. Enfin, s'il a plu, il est difficile de les allumer.

Par contre, les foyers ainsi constitués sont économiques; ils peuvent, d'ailleurs, être alimentés à volonté en matière solide ou liquide pour augmenter au besoin leur durée d'action. Si, par exemple, les tas de deux ou trois petits fagots de sarment ne durent qu'une heure environ, on les entretient soit avec d'autres fagots, soit en les arrosant de coaltar avec un arrosoir, en rendant ainsi la fumée plus lourde, plus épaisse. La surface en combustion étant plus grande qu'avec les autres systèmes, ils donnent relativement plus de fumée et aussi plus de chaleur. On est parvenu, de ce fait, à protéger efficacement des vignes contre un refroidissement général de l'atmosphère au-dessous de 3°; mais il faut, dans ce cas, de grandes quantités de combustible. En se plaçant à un autre point de vue, on doit dire que la chaleur que peut dégager un foyer intense est plutôt nuisible avec un allumage tardif, alors que le froid a exercé en partie son action, car elle amène un dégel rapide dont on connaît les pernicieux effets. Il est bon de faire remarquer qu'il est préférable de multiplier le nombre des foyers, alors plus petits, et de les rapprocher davantage. Il ne faut pas non plus que la chaleur dégagée ou les gaz nuisibles puissent nuire aux souches placées dans le voisinage. Une combustion très active avec grand dégagement de chaleur diminue la densité des gaz qui composent la fumée ; celle-ci s'élève donc beaucoup plus haut, alors que l'on cherche à réaliser le contraire ; ce n'est que lorsque le nuage s'est suffisamment refroidi dans son mouvement ascensionnel qu'il commence à descendre et à s'étaler sur la surface à protéger. Dans ce but, les industriels cherchent à fabriquer aujourd'hui des foyers artificiels qui se consument sans flamme apparente. On peut, d'ailleurs, toujours parvenir à ce résultat d'une façon plus ou moins parfaite en recouvrant de terre la matière en combustion.

B. GOUDRONS ET ANALOGUES. — Les *huiles lourdes*, le *goudron*, le *coaltar*, dont nous venons de signaler l'emploi dans les *foyers mixtes*, sont aussi utilisés seuls pour la production des fumées noires. On les dispose à cet effet dans des récipients de construction, de forme et de volume très variables, *tuiles* dont on obstrue les deux extrémités avec deux tampons d'argile ou de terre, *gamelles, marmites* en fonte ou en grès, avec anses, ces dernières naturellement plus fragiles, récipients de prix variable, cela se conçoit, et qui peuvent contenir de 5 à 15 kilos de matière. Il est préférable de pourvoir ces ustensiles de couvercles qui protègent le liquide contre les impuretés diverses, et surtout évitent la condensation de la vapeur d'eau à la surface de la matière combustible, ou la mettent à l'abri de la pluie, sans quoi l'allumage en serait très difficile. Enfin, le couvercle en question permet d'éteindre les feux en temps voulu, ce qui économise l'ingrédient utile.

Ce dispositif présente sur les foyers naturels ou mixtes l'avantage d'être plus commode à déplacer, mais il n'est pas sans inconvénients. Par exemple, on rencontre souvent des difficultés pour faire brûler entièrement le liquide dans le cas où une matièra charbonneuse, du noir de fumée, se dépose à le surface, et l'on est alors obligé de remuer la masse de temps en temps. Il est prudent de s'assurer à l'avance de la facilité de combustion de la marchandise que l'on veut acheter. On fluidifie quelquefois le goudron épais avec de l'huile lourde de pétrole. On reproche encore à ce mode opératoire d'exiger de nombreux récipients que l'on ne sait où entreposer en temps ordinaire, d'être sujet à des pertes de matière dans les manipulations de remplissage, de transport, qui, d'ailleurs, ne sont pas sans demander du temps ; d'occasionner des accidents quand les marmites pleines de goudron en combustion viennent à être renversées.

Le goudron vaut environ o fr. 10 le kilo pris à l'usine ; ce prix est encore moindre dans quelques régions.

C. FOYERS INDUSTRIELS. — Il était à prévoir que l'industrie mettrait à la disposition des intéressés des produits combustibles concentrés, tout préparés qui, sous un petit volume, peuvent suppléer les foyers naturels ou mixtes. Il en est aujourd'hui de plusieurs systèmes. S'ils présentent des avantages, ils ne sont pas toujours sans inconvénients non plus.

Le côté économique doit entrer en considération ; aussi est-ce aux agriculteurs à voir, d'après la nature et la quantité des matériaux dont ils disposent, quel mode il leur convient d'adopter.

Le *fumigène Mortier* (1) est un foyer industriel qui semble présenter le mieux l'ensemble des conditions que nous avons énumérées plus haut au sujet de la composition et par suite de l'efficacité des nuages artificiels.

Une partie de la matière goudronneuse dont il est constitué ne brûle pas, du moins dans un des

---

(1) 12, rue Breteuil, à Marseille.

modèles, de sorte que la fumée est peu chaude ; elle est lourde parce que, aussi, composée de particules, de principes liquides vaporisés, mais non brûlés, sa couleur est jaunâtre, et enfin elle est épaisse et abondante.

La pâte formée d'un mélange de goudron et d'une matière riche en oxygène, probablement le nitrate de potasse, qui favorise le propagation du calorique dans la masse, est contenue dans des boîtes de sapin de 30$^{c\underline{m}}$ $\times$ 15 $\times$ 10 complêtement fermées qui en renferment environ 4 kilos et valent 1 fr. 50.

On a reproché à ces boîtes de brûler trop vite ; celles qui sont à combustion vive mettent une demi-heure à se consumer ; les autres, à combustion lente durent une heure. On peut, quand les circonstances l'exigent, augmenter le nombre des foyers, c'est alors la question économique qui entre en considération.

Les *Foyers Lestout* (1) sont constitués par des caisses cubiques de 0 m. 20 de côté, contenant à peu près 7 kilos de matière résineuse. dont la durée de combustion est d'environ 3 heures, et valent de 0 fr. 80 à 1 fr. la pièce.

Les *Foyers Maydieu* (2), sont des caisses de 7 kil. d'un aggloméré résineux spécial. Ces boîtes coûtent 82 fr. le 100. Le produit se vend également en fûts de 400 kilos à 11 fr. les 100 kilos et fûts de 200 kilos à 12 fr. le quintal.

Le *Résineux bordelais Tauzin* (3) se présente en blocs de 3 kilos composés de brai amalgamé avec diverses matières, le tout d'aspect poreux, de couleur noir grisâtre, qui dégage en brûlant une faible odeur de goudron. On les réunit sur le champ par sept ou huit, pour constituer des tas d'une vingtaine de kilos

---

(1) 5, Place Belcier, Bordeaux.

(2) 16, rue Bardos, à Bordeaux.

(3) 10, quai de la Monnaie à Bordeaux.

dont la durée de combustion est à peu près de quatre heures.

Les *Cônes Lemstronn*, imaginés par le professeur Lemstronn de l'université d'Helsingfors en Finlande, étaient, au début, constitués par des cylindres de tourbe de 20 cm. de hauteur et de 15 de diamètre. Après les avoir mis droits sur le sol, on les remplissait d'un mélange de résine, de charbon, de tourbe, de goudron, ensemble constituant le *flambeau finlandais*. Ce dispositif a reçu quelques modifications sous le nom de cônes Lemstronn. Ce sont des cônes légers de tourbe imbibée de bitume et autres matières combustibles fuligineuses. La matière est fortement comprimée, mais percée de trous dans le sens de la longueur. Chaque torche, dont l'ignition se produit sans dégagement de flamme, vaut environ 5 cent.

Cet appareil de protection proposé par le « Comité de défense des plantes » de la société allemande d'agriculture, et appliqué depuis longtemps à la station d'expériences agricoles de Dresde, a donné de bons résultats. Sur un terrain de 30 ares, on a expérimenté 85 cônes et on a pu ainsi obtenir une température de $+ 1°$, alors que tout autour le thermomètre marquait 0°.

Les cônes dégagent pendant 5 heures une fumée suffisante sans que l'on ait besoin d'y ajouter aucune autre matière. Mais, si on le désire, on peut augmenter la production de la fumée en recouvrant la torche de mousse, d'herbes humides, etc.

D. DISPOSITION DES FOYERS. — Le nombre des foyers à établir dans le vignoble et leur disposition varient avec la nature de ces derniers, la configuration du terrain, son étendue, la direction du vent régnant dans la région.

Dès la mi-mars, on commence à transporter sur les lieux à protéger les matériaux nécessaires. On les dispose tout autour du champ sur les bourrelets, s'il y en a, et surtout du côté d'où vient le vent dominant. Quand il s'agit de récipients à goudron ou de foyers industriels, il est facile de les déplacer et de les grouper à un moment donné sur un point déterminé; il est prudent, toutefois, d'en répartir également sur tout le périmètre à protéger, quitte à en multiplier le nombre au moment de l'allumage, du côté où souffle le vent. En ce point, il est même préférable, quand cela est possible, de les reculer en dehors de la bordure du champ de 20 à 30 mètres, de façon que les premières rangées de ceps soient parfaitement recouvertes par la fumée.

En ce qui concerne la direction du vent, voici ce qu'en dit M. Houdaille, docteur ès-sciences, professeur à l'école d'agriculture de Montpellier : « Sur les côtes de l'Océan, dans les Charentes et la Gironde, ce sera le vent d'Ouest; dans les régions méditerranéennes, les vents du Nord. Ces faibles courants d'air se canalisent dans l'axe des vallées. On se base sur la configuration du terrain. Si, par exemple, le vignoble est installé dans une vallée courant du N.-E. au S.-O., alors que le vent dominant de la région souffle du N.-N.-O. (région de Montpellier); la direction de la faible brise qui soufflera sur le vignoble vers le lever du soleil sera très sensiblement celle du N.-E. ou du N.-N.-E. »

Au sujets des vents dominants, voici ce qu'en dit Masure (1) se rapportant aux diverses *régions agricoles* du Comte de Gasparin :

Région de l'Ouest (Bretagne, Vendée), vent d'Ouest;

Région du Nord-Ouest (Normandie, Maine), vents d'Ouest et N.-O.;

Région du Nord (Flandre, Artois, Picardie, Ile-de-France), vents d'O. et S.-O.;

Région du Centre-Ouest (Poitou, Touraine, Orléanais, Berry), vents d'O. et S.-O.;

---

(1) Leçons d'agriculture, T. 2, p. 175. Librairie agricole, Paris.

Région du Nord-Est (Champagne, Haute-Bour-
ogne), vents d'O. et S.-O. ;

Région de l'Est (Lorraine, Alsace, Franche-
Comté), vents des S. et S.-O. ;

Région du Midi pyrénéen (Béarn, Gascogne Lan-
uedoc), vents des S.-E., O. et N.-O ;

Région du Sud-Ouest (Saintonge, Angoumois,
Guyenne), vents des S.-O. et O. ;

Région du Centre-Sud (Marche, Limousin,
Guyenne montagneuse), vents des S. et N. ;

Région du Centre-Est (Bourbonnais, Basse-Bour-
gogne, Lyonnais, Savoie), vents des N. et S.

Région du Sud-Est (Longuedoc oriental, Dau-
phiné, Provence Alpine), vents des S. et N. ;

Région de la Méditerrannée (Languedoc méri-
dional, Roussillon, Provence), vents des N. et S.

Si l'étendue du champ l'exige, on introduit aussi
des foyers au milieu de ce dernier, en les plaçant
toujours à une distance des ceps telle que la chaleur
dégagée ne puisse nuire aux vignes.

Avec les *fascines de sarments*, on laisse entre les
tas 10 à 15 mètres à l'extérieur du champ sur la
ligne du vent. A l'intérieur, une deuxième rangée
est installée à 20 ou 30 mètres ou davantage de la
précédente, avec des foyers un peu plus espacés. On
peut en établir une troisième, et ainsi de suite. On
compte qu'il faut alors de 20 à 30 foyers par hectare.

Les *marmites*, contenant une dizaine de kilos de
coaltar, sont échelonnées à l'intérieur à environ
40 à 50 mètres en tous sens. S'il y a une ligne de
protection principale sur le périmètre, l'intervalle
est de 10 à 12 mètres. A l'intérieur, on les espace de
25 mètres sur des lignes distantes entre elles de
50 mètres. On estime qu'un hectare exige 35 marmites, qu'un ouvrier peut remplir et placer dans
une journée.

Il faut en moyenne 10 *fumigènes Mortier* par
hectare, que l'on dispose en 2 ou 3 lignes parallèles

du côté du vent et espacées de 30 mètres. On laisse la même distance entre chaque boîte sur la ligne.

Les *foyers Lestout* sont mis à des intervalles de 10 mètres sur des rangées distantes de 350 à 400 mètres.

Les caisses de 7 kilos qui constituent les *foyers Maydieu* sont espacées de 8 à 10 mètres sur la ligne du côté du vent.

Le *résineux bordelais* exige environ 8 tas de 20 kilos par hectare. Dans une exploitation de 10 hectares, par exemple, on place 50 foyers environ dans le centre et 30 sur les côtés d'où vient le vent.

Quant aux *cônes Lemstronn*, on les dispose sur le périmètre à la distance de 3 mètres. Les files sont espacées à l'intérieur de 10 à 15 mètres. On compte 1.100 à 1.200 cônes par 10 hectares, 160 à 210 pour un hectare, 100 à 150 pour un demi-hectare.

E. ALLUMAGE. — A quel moment doit-on allumer les foyers pour laisser dégager la fumée protectrice? Sans doute, théoriquement, la réponse n'est pas difficile à faire : assez à temps pour que le nuage s'étale au moment où l'abaissement de température arrive vers 0° ; ni trop tôt pour ne pas brûler du combustible en pure perte, ni trop tard pour ne pas voir l'écran rester sans effet. En pratique, la chose est plus difficile à apprécier, et on en a vu allumer dès 3 heures du matin, alors que la gelée ne s'est produite que vers les 5 heures, tandis que d'autres croient avoir mis leurs vignes hors de danger en cessant la production de la fumée bien avant le lever du soleil, sous prétexte que ce dernier allait réchauffer l'atmosphère.

Le mieux paraît être, à l'époque des gelées et durant les nuits sereines, de se tenir en observation dès les 2-3 heures du matin auprès d'un thermomètre, pour donner l'alarme lorsque l'abaissement régulier de la colonne thermométrique, vers 4 à 5 degrés, annonce l'approche du moment psychologique. Certains de ces appareils portent un trait rouge à la température critique. Celui que l'on emploie est placé dans le vignoble, à la hauteur des bourgeons, exposé au nord et dans la partie du champ la plus froide.

Au signal donné, les hommes chargés de ce soin se dirigent vers les foyers disposés à l'avance, pourvus de tous les ingrédients nécessaires. On facilite, en effet, l'inflammation des matières combustibles en répandant à leur surface un peu de pétrole avec une poignée de paille, puis en mettant le feu à l'aide d'un tampon d'étoupe imbibé de pétrole ou d'une torche de résine.

On estime qu'un homme peut ainsi allumer le contenu de 35 marmites de goudron dans un quart d'heure.

Les marchands de foyers industriels fournissent les torches d'allumage à o fr. 10 la pièce (Lestout), 1 fr. 5o la douzaine (Maydieu).

Pour mettre le feu aux *boîtes Mortier*, on enfonce une allumette-tison enflammée dans une petite ouverture percée sur une des faces et bouchée en temps ordinaire par un petit liège graisseux.

Les *cônes Lemstronn* ont des allumeurs spéciaux qu'il faut tenir naturellement à l'abri de l'humidité. Le dressage et l'allumage de cent torches exigent deux hommes durant 25 minutes.

C'est lorsque le thermomètre descend entre 1 et 2° que l'on commence généralement l'allumage. On doit cependant se guider, à ce point de vue, sur la facilité, suivant le personnel dont on dispose, d'embraser un plus ou moins grand nombre de foyers à la fois, suivant aussi le temps que mettent ces derniers à former une quantité suffisante de fumée, tout cela en se guidant sur la marche descendante du thermomètre.

D'après la direction que prend la fumée des pre-

5

miers feux, on se rend compte d'où vient le vent, et l'on dirige, en conséquence, les équipes d'allumeurs.

Si une saute de vent survenait, on éteindrait certains foyers pour en allumer d'autres. Si, faute de vent, au contraire, le nuage formé ne s'étendait que très lentement, on embraserait les foyers du milieu.

Lorsque le refroidissement est rapide, il faut commencer par allumer les foyers qui se trouvent dans les parties les plus froides, de même que dans les endroits faibles où la fumée est insuffisante on doit activer la production de cette dernière en embrasant des foyers supplémentaires, ou en arrosant davantage ceux qui sont en action. Ordinairement, on ne fait fonctionner au début qu'un foyer sur deux, l'allumage devant se conduire graduellement.

On active la combustion et la formation de la fumée en fougonnant un peu les matières en ignition, en écartant les escarbilles, en agitant le goudron des marmites, qui se recouvre souvent de noir de fumée.

Nous avons dit que la flamme est, pour ainsi dire, l'ennemie de la fumée. Pour accroître celle-ci, il est donc bon de recouvrir les foyers, même les foyers industriels, de débris divers, sciure, paille humide, gazon, dont on a préparé à l'avance des tas placés à proximité, et au besoin de terre. C'est pour la même raison qu'il est recommandé de disposer en terre les boîtes du commerce, d'autant plus que le contenu de certaines coule et se répand tout autour. En ce qui concerne le fumigène *Mortier*, on doit, dès que le tison a été introduit dans l'ouverture appropriée et que la fumée commence à se produire, renverser la boîte, l'ouverture sur le sol.

On sait qu'il importe que le nuage protecteur soit chargé le plus possible de vapeur d'eau. A cet effet, on vient de temps en temps asperger les foyers avec de l'eau, du purin, des eaux ammoniacales, etc., soit avec un pulvérisateur, soit à l'aide d'un petit balai.

F. DURÉE. — L'écran formé par la fumée doit se maintenir sur le vignoble jusqu'après le lever du soleil, pour parer au dégel rapide des pousses qui pourraient, malgré les précautions prises, être atteintes par le froid. On conseille encore de projeter, dans ce cas, de l'eau avec un pulvérisateur sur les parties à garantir, de façon à fondre, au besoin, la gelée blanche avant l'arrivée du soleil en lui fournissant la chaleur nécessaire.

Il est difficile de fixer le moment où l'on doit éteindre les foyers : une heure après le lever du soleil, disent les uns; 3 ou 4 heures, prétendent les autres. Il semble que l'on doive avant tout se fier au thermomètre et attendre qu'il se soit assez relevé. Il est certain qu'à ce point de vue il importe de tenir compte de l'état hygrométrique de l'air, de l'exposition du vignoble, de la région; d'ailleurs, l'expérience est encore le meilleur guide, expérience qui exige toujours quelques tâtonnements inévitables.

Comme il est prudent d'allumer dès que la température est descendue entre 1 et 2 degrés, celle-ci pouvant se produire vers une ou deux heures du matin, on comprend que, pour arriver au lever du soleil il faille dans ce cas dépenser une grande quantité de combustible. Par raison d'économie, on a conseillé un moyen terme qui consiste à scinder la besogne en deux. On fait le premier allumage au moment habituel, à la température de 1, 2 degrés, en entretenant la combustion plus ou moins longtemps, suivant la marche du refroidissement, c'est-à-dire tant que le thermomètre marque o° en dehors de la fumée; puis une deuxième fois une heure ou une heure et demie avant le lever du soleil. Il en est même qui, estimant que seul le dégel rapide est à redouter, se contentent de cette dernière fois.

S'il n'est guère possible d'éteindre les foyers naturels, il n'en est pas de même des divers dispositifs du commerce. Pour les marmites, on remet simplement les couvercles. Pour les boîtes, on emploie des caisses vides de dimensions un peu plus grandes que l'on place sur les foyers en guise d'étouffoirs. Il faut, en moyenne, cinq de ces derniers pour cent des premiers.

Avec le résineux Tauzin, on répand sur le tas un peu de terre que l'on aplatit avec une pelle, procédé qui peut être employé, à la rigueur, pour les foyers naturels.

G. THERMOMÈTRE AVERTISSEUR. — Pour éviter au surveillant chargé de donner l'alarme de se tenir en permanence auprès du thermomètre, on a construit de ces derniers appareils qui, grâce au courant électrique, mettent en fonction, en fermant le circuit, une sonnerie électrique placée dans la chambre de la personne qui a la garde du vignoble, et cela à la température que l'on désire. Disons qu'il ne faut pas toutefois accorder une confiance illimitée au parfait fonctionnement du *thermomètre avertisseur*, qui, ainsi que les mécanismes analogues, les allumeurs automatiques, par exemple, sont sujets à dérangement.

On installe les thermomètres avertisseurs comme les thermomètres ordinaires, sur un support, à la hauteur des bourgeons dans les endroits les plus exposés au froid. Le double-fil conducteur qui les met en rapport avec la sonnerie est également soutenu par des poteaux auxquels il est assujetti par l'intermédiaire d'isolateurs. Tout circuit électrique suppose un appareil générateur d'électricité, composé ici le plus généralement de piles Leclanché interposées sur le trajet du conducteur. Enfin, pour éviter que le courant ne continue à passer lorsque le thermomètre reste au-dessous du point où il commence à fermer le circuit, et par suite la sonnerie à fonctionner et les piles à s'user, une clef permet d'interrompre le courant lorsqu'on a été averti du danger que courent les vignes.

Il existe plusieurs modèles de ces thermomètres dont la description nous entraînerait un peu loin. Les deux principaux types sont le thermomètre Eon à contact de mercure et le thermomètre Richard à contact métallique. Les constructeurs (1) ou les maisons de vente (2) fournissent, d'ailleurs, tous les renseignements nécessaires sur le prix de revient, l'installation, etc.

H. ALLUMEUR AUTOMATIQUE. — C'est un appareil qui, comme son nom l'indique, allume les foyers au moment critique sans intervention directe des ouvriers. Une telle application devient onéreuse pour les grandes superficies, car il faut un allumeur pour chaque foyer.

L'appareil se compose de deux parties distinctes : 1° Le thermomètre avertisseur ; 2° les allumeurs automatiques proprement dits. C'est lorsque le surveillant est averti par la sonnerie que commande le thermomètre du danger de la gelée, qu'à l'aide d'un commutateur il fait passer de sa chambre le courant électrique dans la série d'allumeurs dans lesquels un électro-aimant, par un déclanchement convenable, amène, par exemple, le renversement ou la rupture de petits récipients en verre pleins de produits chimiques, qui tombent sur un mélange inflammable d'où le feu se communique au foyer proprement dit.

Les systèmes d'allumeurs automatiques sont d'ailleurs variés. Il n'est pas jusqu'au principe de la télégraphie sans fil qui n'ait été mis ici à contribution. Un thermomètre avertisseur placé au milieu des vignes, comme nous l'avons indiqué, ferme un premier circuit électrique au moment psychologique et de ce fait des étincelles jaillissent d'un oscilla-

---

(1) Par exemple, Jules Richard, 25, rue Mélingue, Paris.

(2) Par exemple, Maison Mortier, 17, quai du Canal, Marseille.

teur. D'autre part, les foyers industriels sont reliés entre eux par des fils conducteurs constituant ainsi un deuxième circuit avec piles, voisin du premier, et dans lequel se trouve intercalé un radio-conducteur Branly. Dès que, à la température critique, les étincelles de l'oscillateur se mettent à jaillir par suite de la fermeture du premier circuit, les oudes hertziennes provoquent le passage du courant dans le deuxième, qui, à son tour, met le feu aux foyers.

I. FRAIS. — Il est difficile d'établir, même approximativement, les frais qu'entraîne la protection d'un hectare de vignoble, par exemple, par la production de nuages artificiels. Trop de facteurs entrent en effet ici comme éléments de calcul : le système de foyer adopté, l'intensité du froid, sa durée, l'état de l'atmosphère, etc.

Voici, d'ailleurs, dans un exemple pratique, les données fournies par M. L. Bignon, propriétaire du vignoble de la Houringue, dans le Bordelais.

Il s'agissait de défendre 5o hectares de vignes ayant déjà des bourgeons de 2o centimètres.

Les foyers, au nombre de 5oo, étaient placés suivant une ligne circulaire entourant le vignoble, et à l'intérieur sur des rangées transversales distantes de 4o à 1oo mètres les unes des autres. Ces foyers étaient de nature très variable :

1° Débris divers, tels que herbes sèches roulées, bruyère, entassés sous des branches vertes de pin, que l'on arrosait de 1 kilo de coaltar durant la combustion, prix, o fr. 38 ;

2° Tas constitués par 5 kilos de débris résineux solides déposés sur le sol à quelques mètres des ceps. Leur durée a été de 1 h. 15 et leur prix de revient o fr. 45 ;

3° Marmites de fonte garnies de 5 kilos de coaltar, o fr. 40 l'une ;

4° Foyers Lestout contenant 5 kilos de matière

résineuse. Durée, 2 h. à 2 h. 1/2, prix de revient, o fr. 75.

Le personnel nécessaire était de 2 hommes par 25 foyers. On procédait à l'allumage avec quelques gouttes d'essence et une torche de résine.

La dépense totale pour la nuit du 20 avril 1892 a été de 258 fr. et 204 pour celle du 2 mai, soit comme moyenne 5 fr. 16 et 4 fr. 68 par hectare.

Sans doute, dans bien des cas, ces chiffres seraient dépassés.

Nous citerons encore, d'après notre camarade M. Moreau-Bérillon (1), un autre exemple pratique de l'emploi du goudron de houille.

J. EXEMPLES PRATIQUES DE L'EMPLOI DU GOUDRON DE HOUILLE. — Il s'agit de la façon de procéder de M. Bonnet, qui dirige le vignoble de Murigny, près Reims, lequel l'applique depuis longtemps avec succès.

Le vignoble en question, d'une superficie de 35 hectares, est situé à la base de la montagne de Reims et regarde le S.-E.

Des tonneaux métalliques pleins d'un mélange filtré de moitié de goudron de houille et moitié d'huile lourde pour fluidifier le tout, sont placés de 12 en 12 mètres le long des allées principales du vignoble sur une partie élevée. Deux tubes à robinet de 3 mètres partent de chaque côté à la partie inférieure et déversent chacun le liquide dans une gargouille de tôle de o m. 80 de longueur pouvant en contenir 7 à 8 litres. La distance qui sépare les foyers est donc de 6 mètres. Grâce à l'huile, le mélange est assez fluide pour couler aisément, d'autant plus facilement, d'ailleurs, que la température est moins basse. A o degré, le débit est de 6 litres à l'heure; à —5° ou —6° de 4 litres, et 8 litres quand la température est assez élevée au-dessus de o degré.

____

(1) *L'Agriculture moderne*, 30 avril 1904.

Le couvercle du tonneau est percé de deux ouvertures, une pour l'air, l'autre pour le liquide.

Les 35 hectares exigent 450 tonneaux, soit 900 foyers.

Le prix du mélange est de 15 fr. les 100 kilos. Chaque tonneau muni de ses accessoires revient à 25 fr.

On allume quand la sonnerie électrique avertit que la température s'abaisse au-dessous de 0 degré. Il résulte des nombreuses observations du régisseur que dans la région par vent d'Ouest humide une gelée à — 3° est très dangereuse, et l'on procède à l'allumage à — 1°. Le vent d'Est de la plaine de Champagne étant sec, un pareil degré de froid n'est guère pernicieux, et on n'allume généralement pas à — 1°. Au lever du soleil, on met le feu si la température est à 0°.

Au moment critique, on sonne la cloche d'alarme, et 9 équipes de 2 hommes se dirigent, pourvus de sacs de résidus de bouchons, d'un bidon de pétrole et d'une torche de résine, vers les tonneaux de goudron, chaque équipe au poste qui lui a été désigné d'avance. Le premier ouvrier ouvre les robinets et jette des bouchons sur le liquide tandis que l'autre, armé d'une torche, les enflamme après les avoir imbibés de pétrole. Le régisseur, d'après la direction que prend la fumée des premières gargouilles, commande par une sonnerie convenue : « Feu à droite, feu à gauche, feu sur toute la ligne! »

Chaque équipe a la surveillance de 100 foyers. Elle allume d'abord 1 foyer sur 8, puis les autres successivement et au commandement.

Quant à la durée des feux, elle varie avec la direction du vent, la température, la hauteur à laquelle se tient le nuage. Par le vent humide de l'Ouest, ce dernier se formerait à 1 m. 5 à 3 mètres. Si la température ne descend qu'à — 3°, pendant 4 heures la protection par la fumée est assurée. Si pendant 3 heures elle se maintient à — 4° et au-dessous, les nuages sont insuffisants et une portion du vignoble souffre.

Avec un vent sec d'Est, l'écran protecteur se forme à 6 ou 7 mètres, mais abrite quand même la végétation quand le thermomètre s'abaisse à — 4° ou — 5°.

Voici, maintenant, la façon d'opérer de M. Coste, Directeur de la Compagnie viticole d'Amouran (Alger), près du Chéliff. Il protège 500 hectares de vignes à l'aide de baquets en tôle emboutie de 50 centimètres de diamètre et 10 de hauteur. Au centre est disposé, debout, un fagot de brindilles soufrées qui enflamment le goudron. Une cloche en tôle couvre le baquet. Les récipients sont placés à 125 mètres les uns des autres ; 300 suffisent pour les 500 hectares

Les dépenses sont les suivantes : Prix du baquet, 3 fr., de la cloche, 4 fr. 30, du goudron, 3 fr. 50 à 4 fr. les 100 kilos. Chaque foyer brûle 20 kilos de liquide (1).

K. SYNDICATS D'ALLUMAGE. — Il nous conviendrait d'insister ici sur les multiples bienfaits que trouveraient les intéressés dans l'association, pour lutter contre l'ennemi commun. Les principes de solidarité ont été tirés à tant d'exemplaires et tellement prônés en agriculture comme ailleurs, avec juste raison, que nous ne croyons pas devoir renchérir sur ce qui a été déjà si souvent répété sous toutes les formes. Nous ne nous attarderons donc pas sur les avantages qu'ont les propriétaires à se grouper dans les vignobles morcelés. Ils sont assez soucieux de leurs intérêts pour ne point les ignorer. Il existe déjà, d'ailleurs, un grand nombre de syndicats formés en vue de la protection des vignes contre les gelées nocturnes, un peu sur tous les points du vignoble français, en Bourgogne, en Champagne, dans le Bordelais, le Beaujolais, le Languedoc, etc.

---

(1) La *France agricole*, 1892.

Voici, au sujet de la constitution de ce genre de Syndicat, ce que dit M. Couanon (1) :

La Société est constituée entre tous les adhérents qui exploitent à titre de propriétaires, fermiers ou métayers, des vignes situées dans le périmètre du vignoble à préserver. Le bureau, qui est composé d'au moins un président, un secrétaire, qui peut cumuler les fonctions de trésorier, est chargé de faire exécuter les décisions votées par l'Assemblée générale ; d'établir le sectionnement du périmètre à défendre ; de fixer dans chaque section le nombre et la position des foyers ; de faire, s'il y a lieu, l'acquisition du matériel et des produits ; de faire procéder en cas d'absence ou d'empêchement des sociétaires, et à leurs frais, aux divers travaux de préparation ou d'exécution de la défense commune qui leur incombent ; de déterminer les signaux d'allumage et d'extinction, et de les transmettre en temps utile aux sections ; de représenter la Société dans toutes les questions où elle peut être mise en cause.

La durée de la Société est déterminée en même temps qu'est établi le siège.

Les questions de règlement de compte, de dissolution, sont également arrêtées.

A titre d'indication, nous reproduisons les Statuts (2) du Syndicat de Meuilley, dans la Côte-d'Or.

---

(1) L'*Agriculture moderne*, 2 avril 1899.

(2) Que nous devons à l'obligeance de M. Fortier, président.

STATUTS

ARTICLE 1er. — Les vignerons propriétaires et fermiers de la commune de Meuilley s'organisent en Association syndicale libre, dans le but de combattre le fléau des gelées printanières auxquelles leurs vignobles sont si fréquemment exposés.

ART. 2. — Le bureau sera composé comme suit : Un président, un vice-président, un secrétaire, un trésorier et quatre assesseurs.

ART. 3. — Le bureau sera nommé par voie de scrutin et pour une durée de 3 années.

ART. 4. — Le renouvellement du bureau aura lieu chaque fois dans la première quinzaine de décembre, et ses membres pourront être réélus.

ART. 5. — L'Association aura une durée de neuf années à partir du....

ART. 6. — L'Association aura son siège à Meuilley.

ART. 7. — Chaque sociétaire s'engage à verser une cotisation annuelle de un franc.

ART. 8. — Les frais d'achat des matières premières employées pour la défense des vignes seront payés au moyen des cotisations et de subvention communale.

ART. 9. — Le bureau sera chargé de la direction et de l'administration de la Société.

ART. 10. — Les Membres de l'Association s'engagent à exécuter les règlements intérieurs proposés par le bureau.

ART. 11. — Le bureau devra étudier les moyens de défense les plus pratiques. Il devra également se charger de la division du territoire à protéger, du sectionnement des syndiqués, ainsi que de l'indication du poste assigné à chacun d'eux.

ART. 12. — Pour l'allumage du feu en cas d'alarme, les propriétaires syndiqués devront se conformer aux ordres ou avis du bureau.

Art. 13. — Nul propriétaire compris dans l'Association ne pourra, à partir de la signature des présents statuts, contester sa qualité d'associé ou la validité de l'Association.

Art. 14. — Une réunion générale aura lieu à la fin de chaque exercice; il y sera rendu compte de la situation de la Société.

Art. 15. — Toutes les discussions politiques ou religieuses sont formellement interdites dans les réunions de la Société.

Art. 16. — Le bureau a la faculté de remplacer provisoirement jusqu'à l'assemblée générale prochaine un de ses membres décédé ou démissionnaire. Sa gestion n'entraîne aucune obligation personnelle ou solidaire pour chacun de ses membres. La présence de 15 membres suffit pour rendre les délibérations valables. En cas de partage des voix, la voix du président est prépondérante (1).

Fait à ....

Nous résumerons, en outre, la façon dont on procède dans la pratique au même Syndicat de Meuilley.

La superficie du vignoble, d'environ 250 hectares, est divisée en 25 sections ayant chacune à leur tête un chef, un voiturier et deux aides, pouvant disposer de deux fûts de goudron — anciens fûts à pétrole — contenant 200 kilos. Le liquide vaut 5 fr. le quintal pris à l'usine à gaz. En outre, 40 bacs en tôle galvanisée tenant 5 kilos de matière constituent les foyers.

Tout le travail se fait, d'ailleurs, gratuitement : transport du matériel sur les lieux un peu avant l'époque des gelées, manutention des fûts de l'usine à gaz de Nuits-Saint-Georges au Syndicat, allumage, etc.

---

(1) Conformément à la loi du 21 mars 1884, on doit faire à la Mairie le dépôt des Statuts et des noms des membres du bureau en double exemplaire, dépôt à renouveler à chaque changement de président ou de Statuts.

Des veilleurs surveillent, durant les nuits critiques, et donnent l'alarme quand le thermomètre se rapproche du o°, par la sonnerie de convention du *Garde à vous !* et tout le monde se porte à son poste. S'il y a lieu, une deuxième sonnerie différente de la première ordonne l'allumage. Enfin, quand le thermomètre remonte, une dernière sonnerie commande l'extinction.

Bien entendu, le moment de l'allumage ou celui de l'extinction demandent beaucoup de tâtonnements ; l'expérience est ici le meilleur guide. On allume lorsque la température est à o° ; on éteint quand le thermomètre remonte à 1 ou 2° ; mais on rallume au besoin.

Au 1" janvier 1904, la situation financière de la Société était la suivante, d'après le bilan des recettes et des dépenses pour les années 1898 à 1903 :

RECETTES

Cotsations à 1 franc......................	536 »
Subventions (Sociétés vigneronnes de Beaune, de Meuilley, Comité central d'études viticoles de la Côte-d'Or, commune de Meuilley), dons divers......................	1.621 5o
Total............	2.157 5o

DÉPENSES

Achat de fûts vides à pétrole à 4 fr. 5o l'un	224 5o
Achat de goudron à 5 fr. les 100 kilos..	889 5o
Pétrole pour allumage.................	62 »
Madriers pour les fûts.................	34 »
1250 bacs à couvercles en tôle..........	628 »
Location du magasin...................	76 7o
Assurance du matériel.................	25 25
Frais divers..........................	81 5o
Total............	2.021 45

3. Abris temporaires

Du fait même que l'on peut les placer à l'avance aux époques prévues où l'on craint les gelées, il est certain que les abris temporaires, qui agissent à la façon des nuages artificiels dont nous venons de parler, sont plus efficaces que ces derniers. Malheureusement, ils demandent beaucoup de main-d'œuvre, sont quelquefois d'installation compliquée et généralement d'un prix de revient assez élevé. Ils sont, en outre, encombrants dès que la période d'application est passée. Pour toutes ces raisons, les abris temporaires ne sauraient convenir à la grande culture; seuls les vignobles de grand rapport, les grands crus, les ceps rares et précieux à conserver, peuvent se payer un tel luxe.

En dehors de leur action directe sur le rayonnement nocturne, il n'est pas mauvais de faire remarquer que les abris mobiles enrayent dans une certaine mesure la propagation des maladies cryptogamiques, puisqu'ils font obstacle au dépôt de rosée. Certains types laissés à demeure assez tard peuvent garantir les souches de la grêle. Enfin, pour les raisins à maturation très tardive, les abris en question permettent de conserver les grappes sur pied jusqu'en février, mars, comme on en trouve des exemples dans quelques régions du midi.

A. ECHALAS. — Outre les abris proprement dits bien conditionnés, il existe quelques dispositifs peu compliqués qui, dans une certaine mesure, contrarient le refroidissement nocturne. Il ne faut, d'ailleurs, pas oublier que pour être réellement pratiques, les abris volants doivent pouvoir se placer et s'enlever facilement et avoir une longue durée.

Les simples échalas fichés en terre, du côté du levant de préférence, forment obstacle à l'irradiation du calorique, lorsqu'ils sont mis assez tôt et en grand nombre, comme en Champagne, par exemple, où l'on en compte de 50 à 60.000 par hectare. On comprend que, dans ce cas, ils forment par leur ensemble une masse qui réfléchit vers les ceps une partie de la chaleur perdue la nuit, bien que le rayonnement se fasse principalement dans la direction du zénith, et qui les abrite le matin contre le dégel rapide. L'efficacité d'un pareil agencement s'est plus d'une fois affirmée. C'est ainsi que l'on a constaté que leur présence pouvait assurer le maintien d'une température de 1 à 3° plus élevée par rapport à celle des vignes nues.

Si, au point de vue du rayonnement, les bâtons fichés en terre exercent une action plutôt favorable sur la végétation, on ne peut nier qu'en très grand nombre ils font obstacle à la libre circulation de l'air.

On coiffe quelquefois l'échalas d'un paillon à bouteilles, ou on l'habille d'une poignée de paille, d'un petit fagot de sarments, d'une fascine de bruyère, d'un balai de genêt. Parfois encore, on y assujettit de petites planchettes de bois mince.

Il est possible, d'ailleurs, de fixer ces divers artifices sur le fil de fer supérieur lorsque les vignes sont conduites sur tringles. Bref, dans la petite culture chacun, en cette matière, peut donner libre cours à son ingéniosité.

B. CAPUCHONS, CORNETS ET SACS. — Le cep même est souvent mis à couvert sous une gerbe de paille ou un cornet spécial de même matière (cornet Jobard, entonnoir Lacoste). On va jusqu'à emprisonner les bras ou les coursons dans des sacs de papier.

Le Paragelée « Paratout », est fabriqué par la papeterie coopérative d'Angoulême. C'est une sorte de sac rectangulaire en papier spécial vert, solide, imperméable, pouvant s'ouvrir sur trois côtés et maintenu fermé par dix pinces métalliques mobiles s'écartant à volonté. Quand on les livre, ils sont fermés sur trois côtés ; on en coiffe ainsi chaque courson ou chaque long bois, et on les retire avec précaution avant que les bourgeons se soient trop allongés. Ces sacs peuvent, d'ailleurs, servir pour toute autre culture.

Il ne faut pas oublier que si ces sortes de protecteurs étaient en papier *ordinaire*, ils s'imbiberaient facilement d'eau ; et comme ils touchent les bourgeons, ce contact immédiat pourrait leur être funeste. Le papier doit donc être parfaitement imperméable.

C. ABRIS VERTICAUX. — Les abris verticaux sont de matière très variable.

Les plus simples sont constitués par des *paillons* que l'on appuie sur le sol et que l'on tient un peu penchés sur la souche à protéger au moyen d'un bâton. Pour construire ces sortes d'écrans, on allonge de la paille de seigle ou autre en travers de deux lattes suffisamment écartées, et l'on cloue sur ces dernières deux autres baguettes. Il ne reste plus qu'à mettre deux traverses pour compléter le cadre. Dans ces dispositifs, comme dans les analogues, il est bon, pour augmenter la durée de la paille, de tremper les paillons dans une solution de sulfate de cuivre à environ 2 à 3 o/o.

On peut employer également de petites *claies* en roseau fendu, en lattes, en osier, etc., ou encore des planches réunies.

En Champagne, d'après M. Raoul Chandon de Briailles, à qui nous empruntons quelques-uns des renseignements qui suivent (1), les claies en bois ont un mètre de hauteur, deux de large, et reviennent à 1 franc. Il en faut par hectare 2.500, dont la durée moyenne est de 20 ans, soit 125 francs par an. On doit ajouter à ce chiffre, comme frais de pose et d'enlèvement, 105 francs, soit un débours annuel de 230 francs.

---

(1) *Revue de Viticulture.*

Les claies en osier ont comme dimensions
1 m. 2 × 1 m.; leur nombre est de 1.000 par hectare.
Elles coûtent 2 francs et durent 15 ans ; frais de pose
et enlèvement 150 francs, amortissement 133 francs,
soit en tout et par an 283 francs.

Pour les claies en lattes, il en faut par hectare
30.000, valant 2.700 francs et dont la durée est de 15
ans, soit annuellement 180 francs, auxquels on doit
ajouter une égale somme pour l'amortissement de
l'achat, total 360 francs.

Chaque cep exige trois lattes isolées, ce qui en
représente à l'hectare 150.000 du prix de 3.000 francs.
Si l'on ajoute à cela 238 francs de main-d'œuvre,
200 francs d'amortissement, on arrive à une dépense
annuelle de 438 francs.

Les planchots ou petites planches en bois blanc
ont 0 m. 50 × 0 m. 18 ; on emploie aussi de vieilles
douves de tonneaux quelconques. Un hectare en
nécessite 40.000 du prix de 2.200 francs ; port et
enlèvement 180 francs par an, amortissement 160
francs, ce qui fait au total : 340 francs.

Le Paragelée Panon en jonc mesure 0 m. 60 × 1 m.
et recouvre six ceps. Il revient par hectare à 1.800 fr.
et dure 3 ans ; main-d'œuvre 140 francs, amortissement 600, total : 740 francs.

La Claie Gaudion en roseau a 50 c/m de côté et
vaut 0.05. On en dispose deux en toit sur le cep.
Durée, 30 ans. Dépense par hectare, 450 francs.

On comprend facilement que ces appareils doivent
être solidement fixés à demeure ; si le vent, par exemple, venait à les déplacer, il y aurait à craindre pour
les bourgeons.

L'abri en toile goudronnée système Degré-Liouville garantit deux ceps et dure dix ans. Il en faut
par hectare pour 2.750 francs ; la main-d'œuvre et
l'amortissement portent la dépense annuelle à 475
francs.

6

Le Paragelée en papier Degré-Liouville est une sorte d'abat-jour pour lampe. On peut le fabriquer soi-même avec du papier noir imperméable acheté chez les papetiers.

La feuille de 0,65 $\times$ 0,30 environ est rabattue sur une largeur d'à peu près 5 centimètres sur un de ses plus grands côtés, et l'on engage sous le pli obtenu un fil de fer galvanisé pour maintenir une rigidité suffisante à l'appareil ; puis on coud la partie repliée pour empêcher le raidisseur de se dégager.

On plie alors le rectangle en deux suivant sa largeur et en son milieu. Le nouveau pli ainsi formé a à une de ses extrémités le fil de fer recourbé. On coupe l'autre extrémité en biais, de façon à enlever un triangle de papier dont les deux côtés formés par les bords de la feuille ont environ 6 centimètres. C'est par l'ouverture ainsi formée que l'on enfilera l'appareil sur l'échalas qui doit lui servir de support.

Il ne reste plus, pour fermer le cornet, qu'à rabattre ensemble les deux bords superposés correspondant à l'ouverture que l'on vient de pratiquer. On fait encore ici un ourlet dans lequel on passe aussi un fil de fer. Pour maintenir le système sur l'échalas planté à proximité suffisante de la souche, on peut employer les montures en fil de fer dont il est fait usage pour les verres de lampe, ou encore, à la rigueur, planter quatre clous en croix suffisamment inclinés sur le support, et l'on règle alors la hauteur de l'écran au-dessus du cep à protéger en enfonçant suffisamment l'échalas en terre.

Comme ici le papier ne touche pas directement les bourgeons, peu importe sa qualité, mais c'est alors affaire de durée. Avec celui que nous avons indiqué, elle peut aller jusqu'à 5 ans.

D. ABRIS HORIZONTAUX. — Le rayonnement des parties vertes des végétaux se fait surtout dans la direction verticale, vers les espaces célestes, région la plus froide ; aussi, les abris horizontaux sont-ils préférables aux écrans verticaux. Cependant, dans le cas où l'on craint un refroidissement intense de l'atmosphère amené par un courant d'air, il faudrait disposer l'écran de façon à protéger les ceps contre ce dernier. Tourné vers le soleil levant, il prévient les méfaits du dégel rapide.

Les abris laissés à demeure ne doivent gêner ni la lumière ni la libre circulation de l'air. On recommande de les élever de 75 centimètres au-dessus des bourgeons.

Ceux qui sont en paille de seigle ou autre fine et serrée paraissent être plus efficaces que la toile, par exemple.

Les diverses *claies* que nous avons indiquées plus haut peuvent également être placées horizontalement et soutenues pour cela par des piquets. —

On donne généralement aux *châssis* en paille de seigle clouée environ 1 m. 50 de long et 25 centimètres de largeur. Le mètre courant revient à o fr. 10. Leur durée, une fois trempés dans du sulfate de cuivre, est de 5 ans, ce qui fait une dépense de 150 francs par hectare.

Les simples *paillassons* peuvent se tendre d'échalas à échalas et se lier par des ficelles. Le D' Guyot préconisait l'emploi de paillassons supportés d'une part par un billon placé parallèlement aux lignes de ceps, et d'autre part par les échalas plantés aux pieds des souches.

Les paillassons Moët et Chandon, que l'on déroule sur des fils métalliques que supportent des piquets, coûtent 1.800 francs par hectare comme frais d'installation. Ils durent 8 ans. La main-d'œuvre exigée est de 200 fr. et l'amortissement annuel de 225 fr.

Les abris en toile sont constitués par de la toile d'emballage goudronnée ou passée au sulfate de cuivre (1), ou encore traitée comme les filets des

---

(1) Les toiles séjournent un jour dans une solution de sulfate à 2 0/0 environ, puis on les met à sécher.

pêcheurs, c'est-à-dire trempés dans une solution d'un litre d'extrait tannant dans 10 litres d'eau. Il est bon de pourvoir ces toiles de lisières très solides. On les fixe en général sur des piquets en bois ou on les tend sur le fil de fer supérieur des vignes palissées. Leur durée est de 6 ans environ, leur prix par hectare de 1.200 francs.

Elles exigent annuellement une main-d'œuvre de 100 francs, soit en tout, en y comprenant 200 francs d'amortissement, 300 francs. Le prix de revient dépend, d'ailleurs, de la longueur et de la largeur des toiles, dimensions qui sont elles-mêmes subordonnées au système de taille, à la forme de la plantation. Les petites largeurs sont préférables, en ce qu'elles offrent moins de prise aux grands vents.

Dans le système *Mouillé* (1) la *toile-abri* a environ 50 centimètres de largeur; on la tend par le milieu sur le fil de fer le plus élevé, et elle est ainsi retenue formant les deux ailes d'un toit, au moyen de ficelles nouées aux échalas des deux rangs latéraux. Il faut trois journées d'ouvrier adroit, secondé par deux femmes, pour placer la toile qu'exige un hectare.

La toile d'emballage passée au bain de sulfate de cuivre coûte 15 centimes le mètre courant. Elle peut durer de 8 à 10 ans, soit 15 francs par mille mètres d'abri et par an, ce qui ferait environ 100 francs pour 6 kilomètres de rangées de vignes.

La *Toile-Abri Dufour* (2) qui peut se fixer comme la précédente, vaut 15 centimes le mètre avec 80 centimètres de largeur.

La *Tente-Abri système Deremble* (3) est tendue à demeure sur une charpente mobile en fer. Elle est tenue horizontalement pendant la période des gelées à

---

(1) A Brunoy (S.-et-O.).

(2) S. Dufour, 27, rue Mauconseil, Paris (I⁰).

(3) A Broin (Côte-d'Or).

25 centimètres au-dessus des cordons (taille Guyot). Quand les jeunes pousses atteignent cette hauteur, on fait basculer le système, et la toile fait office de mur d'abri contre les rafales, à la condition que les rangées de ceps soient orientées en conséquence.

On fixe la toile avec des agrafes spéciales en fil de fer, rappelant les pinces qui servent à étendre le linge sur les cordes.

Le mètre courant de toile — toile d'emballage trempée dans du goudron ou dans une solution à 5 o/o de sulfate de cuivre — vaut o fr. 10, ce qui correspond à 100 francs par mille mètres, chiffre porté à 250 francs en tenant compte de la charpente. Ce prix pourrait être abaissé par la fabrication en grand de cette dernière.

L'Abri Le Roux de la Roche (1) est en toile très élastique en fils tordus, de 40 centimètres de largeur et valant, sulfatée, 20 centimes le mètre courant. On la tend sur les échalas pourvus à cet effet de lames de fer de 40 centimètres, terminées à chaque extrémité par trois dents qui retiennent la toile. On l'applique sur les vignes en cordon à environ 30 centimètres de ces derniers.

Un système plus coûteux encore que ceux que nous venons de passer en revue consiste en un cercle en fil de fer ou en bois sur lequel est fixée la toile. L'appareil est mobile autour d'une charnière supportée par l'échalas. On rabat tous les disques quand on craint la gelée.

M. Becker-Bertrand, de Reims, a imaginé un thermomètre Richard avec adjonction de pièces diverses, qui, à la température voulue, déclanche des contrepoids par lesquels les abris sont développés en cas de gelée, en même temps qu'une sonnerie électrique avertit l'intéressé dans sa chambre.

L'important, dans tous ces systèmes, c'est que la

____

(1) A Bessé (Sarthe).

toile soit bien fixée et ne puisse pas être emportée
par le vent. Une fois la saison terminée, les toiles
doivent être rentrées parfaitement sèches, après avoir
passé quelques heures au soleil.

GELÉES A GLACE

Nous avons dit que les gelées à glace, ou gelées
noires, diffèrent des gelées blanches en ce qu'elles
sont à action plus étendue, car elles proviennent d'un
refroidissement général persistant et intense de l'atmosphère, amené souvent par des courants d'air.
Elles sont d'autant plus à redouter que le sol et
l'atmosphère sont plus chargés d'humidité. Elles
ont lieu d'ordinaire pendant une période qui précède
celle des gelées blanches.

Si l'abaissement assez considérable de la température n'est pas rare en hiver pendant le repos de la
végétation, il est moins courant de voir un froid
rigoureux se produire lorsque la sève est déjà en
mouvement et a excité les jeunes bourgeons à l'état
naissant à sortir de leurs enveloppes protectrices. Le
fléau est particulièrement à craindre, en effet, lorsque l'hiver a été très doux et que le froid est tardif.
Tel est le cas des gelées du 25 au 26 mars 1898, où le
thermomètre descendit à — 5°, — 7°, surtout sur le
littoral Ouest méditerranéen, et celles du 21 au 22
mars 1899, où dans les régions de Béziers, Montpellier, Nîmes, Aigues-Mortes, on constata des températures — 6°. Les Aramons, qui sont les plants
les plus précoces dans le pays, eurent leur bourgeons, qui atteignaient déjà 5 centimètres, complètement détruits.

Si ces sortes de gelées sont à craindre en février,
mars, ils s'en produit parfois plus tard, témoin
celles des 11 au 20 avril 1903, où la température
descendit en certains lieux à — 7°.

Il n'y a guère possibilité de protéger les végétaux contre les dégâts d'une pareille perturbation atmosphérique. La fumée des foyers et les abris temporaires restent ici à peu près sans effet. On cite cependant quelques rares exemples où les nuages artificiels ont eu une certaine efficacité, lorsqu'on les a fait naître assez à temps. Par exemple, M. Chappaz raconte (1) le cas d'un vignoble qui, le 20 mai 1900, par un froid de 7°, n'eut que 5 à 6 pour cent de ses ceps atteints. Le plus souvent, il faut attribuer une telle préservation, non pas tant à l'influence heureuse de la fumée elle-même, mais surtout à la chaleur dégagée par les foyers.

On cite à ce sujet l'exemple de M. Bellot des Minières, propriétaire du château Haut-Bailly, dans la Gironde.

Pendant les gelées des 22, 25, 26 et 27 mars 1899, l'habile viticulteur a pu sauver d'un désastre son précieux vignoble en déversant par dessus les 27 hectares qu'il occupe les torrents de fumée produite par 5.000 foyers. Il faut dire qu'une telle victoire a été achetée au prix de 8.000 francs, sacrifice que ne pourraient supporter les crus ordinaires. On doit reconnaître, toutefois, que la dépense eût été moindre si tous les propriétaires du lieu avaient coordonné leurs efforts dans une lutte d'ensemble.

A la même époque, le Syndicat d'allumage d'Argelliers, dans l'Aude, essaya de lutter dans la nuit du 26 mars 1899 contre une gelée à glace de — 7°. Bien que la fumée fût très intense de 4 h. 1/2 du matin à 8 heures, les résultats furent négatifs, et, à 8 h. 1/2, on pouvait constater la perte des jeunes bourgeons d'Aramon et d'Alicante Bouschet.

On connaît le procédé qui consiste à enterrer partiellement dans le sol les arbres, arbustes, etc., qui sont particulièrement sensibles aux grands froids de l'hiver. C'est ainsi que l'on procède pour la vigne

____

(1) *Progrès Agricole et Viticole*, 1900.

dans certaines régions, les bords du Rhin, le Jura, par exemple. On peut coucher en automne les sarments de taille dans de petits fossés de 6 à 8 centimètres de profondeur. Lorsque les gelées de printemps ne semblent plus à craindre, on relève de nouveau ces sarments et on les palisse. M. Couanon dit avoir vu appliquer ce système avec succès au jardin d'expériences de la chaire départementale d'agriculture de la Nièvre.

Il faut particulièrement butter les jeunes vignes greffées de 4 à 5 ans, la soudure étant délicate.

En général, l'hiver, la vigne peut résister à un froid sec de — 20°.

En automne les gelées noires — 5°, — 7°, qui durent 2 à 3 jours altèrent les raisins rouges non mûrs et les blancs encore verts qui prennent le ton jaune. Il faut cueillir aussitôt les rouges et les vinifier en blanc car la matière colorante est détruite.

§ IV. — Traitement des vignes atteintes par la gelée

Remarquons d'abord que, d'une façon générale, les végétaux comme les animaux réparent d'autant mieux le préjudice qui leur est causé par un agent morbide quelconque, qu'ils sont mieux constitués, qu'ils offrent plus de résistance vitale; en un mot, qu'ils sont mieux armés au point de vue physiologique pour la défense de leur organisme. Par conséquent, les sujets peu soignés, négligés, déprimés, en mal de misère physiologique, se ressentiront davantage des atteintes du froid.

La conclusion logique qui se dégage de tout cela, c'est qu'il ne faut négliger aucun des soins culturaux que réclame la vigne dans le cours ordinaire de sa végétation. C'est là une constante préoccupation qui ne doit jamais faire défaut à l'esprit du cultivateur.

1. Irrégularité de la gelée dans ses effets. — Les effets nuisibles de la gelée dans un même vignoble sont souvent très variables suivant les points considérés. Ainsi, il se produit quelquefois entre des ceps placés dans le voisinage des anomalies difficiles à expliquer, et qui peuvent tenir cependant à la remarque que nous venons de faire. Les souches qui l'année précédente paraissaient être en état d'infériorité vitale par rapport à leurs voisines, sont le plus profondément ou les seules atteintes.

Sans doute, les diverses variétés de vignes diffèrent au point de vue de la résistance au froid, soit par suite d'une cuticule plus épaisse, de la présence de poils plus nombreux et plus serrés ou d'autres causes mal connues. Ainsi, on a constaté dans les pépinières que les riparias avaient plus de résistance que l'othello.

Dans une même variété, des différences individuelles peuvent également se présenter, comme on rencontre chez les animaux des tempéraments divers.

D'autres causes de différenciation dans les effets du froid tiennent au milieu. Par exemple, dans un champ de vignes en plaine, il y a parfois des zones inégalement atteintes, ce qui est probablement dû à des courants d'air froid localisés. Une chose plus difficile à expliquer, ce sont les groupes de ceps gelés formant îlots au milieu d'autres épargnés.

Sur un même pied, les bras situés à des hauteurs différentes sont éprouvés à des degrés divers.

Quand le vignoble est accidenté, on constate encore que les dégâts occasionnés ne sont pas en rapport avec les idées admises sur les situations les plus exposées aux atteintes du météore. Ainsi, dans le Beaujolais, on a pu observer, lors de la gelée du 12 mai 1897, des vignes placées en plaine n'ayant pas été atteintes, non plus que sur les coteaux un peu élevés — ce dernier fait s'explique, — mais qu'il en avait été autrement de celles cultivées à mi-côte.

2. Taille des vignes maltraitées. — La taille
des vignes dont les tendres pousses ont été mortifiées par la gelée est un sujet des plus controversés
en viticulture. Cette divergence de vues en ce qui
concerne la façon de pallier le mal dans la mesure
du possible, s'explique par le fait que les dégâts
varient avec l'époque des gelées, ces dernières ayant
pu surprendre des pieds plus ou moins avancés
dans leur végétation; avec son intensité, et par suite
avec l'importance et la nature des parties lésées;
avec le système de taille ordinairement adopté pour
la conduite des ceps; avec la variété de ces derniers,
etc., de sorte qu'il faudrait suivre, pour ainsi dire,
une méthode différente pour chaque cas particulier.

Quoi qu'il en soit, le but que l'on doit viser avant
tout, c'est de préparer la venue de beau bois de taille
pour l'hiver suivant et, au besoin, se ménager pour
l'année en cours une certaine quantité de grappes,
dans la mesure compatible avec les exigences de la
végétation qui doit amener à l'automne, nous le
répétons, des sarments sains et bien aoûtés. A négliger ces considérations, à ne pas tailler en vert, on
s'expose à laisser la vigne dans un état languissant
et ne produire que des sarments grêles, chétifs.

A. A QUEL MOMENT FAUT-IL RETAILLER ?
— Une première question qui se pose est celle de
savoir à quel moment après la gelée il faut retailler
la vigne endommagée. Et d'abord, disons que l'on
doit distinguer deux cas. Premièrement, le froid a
causé ses ravages de bonne heure, fin mars, avril,
par exemple, alors que les bourgeons à peine gonflés ou épanouis depuis peu n'ont encore donné que
des pousses de faible longueur. Dans cette hypothèse, en général, si la gelée a été un peu intense,
les jeunes bourgeons ont été entièrement détruits;
ils se flétriront et tomberont d'eux-mêmes, sans
qu'il soit besoin d'intervenir. La sève se portera
alors sur la sous-bourre, sous-œil, contre-œil, cousin, bourrillon, qui accompagne sur le courson tout

œil principal — il y en a quelquefois deux — et le fera repartir, si toutefois il est resté intact.

Il suffira de venir, un peu plus tard, ébourgeonner et pincer, comme nous l'indiquerons plus loin.

Pour les vignes taillées à long bois, il est rare que tous les bourgeons soient détruits : ce sont ordinairement les plus éloignés de la base, les plus avancés, qui sont seuls atteints.

Deuxièmement, si la gelée est assez tardive ; si elle se produit vers la mi-mai, par exemple, les pampres sont beaucoup plus développés, les grappes de fleurs sont apparentes, les jeunes rameaux peuvent même avoir déjà commencé leur lignification à la base.

Ici, alors, tantôt ce n'est que la partie supérieure du pampre qui est atteinte, les jeunes grappes étant épargnées, ou bien la plus grande partie de la pousse nouvelle a été détruite, sauf quelques bourgeons de la base. Enfin, dans les fortes gelées à glace, le sous-œil, cousin, bourrillon, placé à la base du pampre vert, peut également avoir été mortifié, de même aussi qu'une partie du bois de l'année précédente, du courson, sur lequel sont insérées les tiges nouvelles.

Quel que soit le cas où l'on reconnaisse qu'une taille en vert s'impose — sur le vieux bois, la chose est plus rare et plus délicate, — on s'accorde en général à dire qu'il faut y procéder au plus tôt.

Dès le phénomène désastreux passé, on ne tardera pas, en effet, à voir l'étendue du mal ; les parties lésées se flétriront rapidement, et par suite il est, le plus souvent, commode de reconnaître ainsi les portions des pampres restées saines. La constatation est moins facile à faire, il est vrai, pour les bourrillons du courson, dans le cas où ils n'étaient pas encore épanouis au moment de la gelée.

Où les avis sont plus partagés, c'est lorsqu'il s'agit de déterminer la longueur de la partie de la pousse à retrancher. Nous distinguerons plusieurs cas.

B. LE PAMPRE N'EST QU'EN PARTIE AT-TEINT. — Si l'extrémité seule des pampres est atteinte, il est presque inutile d'intervenir, à moins que l'on ne craigne que la portion détruite ne puisse nuire à la partie saine qui la supporte.

S'il reste sur le pampre cinq ou six yeux intacts, de même que les grappes, il n'y a pas trop de danger de voir ce fort pincement provoqué par la gelée faire partir les deux yeux de la base, qui sont, comme on le sait, dans la taille courte, l'espoir de la taille sèche de l'hiver suivant. Les yeux supérieurs soutireront suffisamment de sève pour développer des rameaux secondaires qui constitueront le prolongement du rameau détruit par la gelée. Mais il n'en serait pas de même si trois ou quatre yeux seulement restaient sains à la base du pampre ; toute la sève qui ne trouverait plus d'écoulement dans la partie supérieure descendrait dans ces trois ou quatre bourgeons latents, qui, vu leur nombre, ne donneraient que des rameaux imparfaits, grêles, mauvais pour la taille suivante, en même temps qu'ils seraient peu fructifères. On sait que la vigne produit des raisins sur des bourgeons issus d'un œil placé sur le bois de l'année précédente. Certains cépages cependant, comme l'aramon, le gamay, donnent sur le vieux bois des bourgeons fructifères.

Dans ce cas donc, il faudrait tailler à un ou deux yeux, comme il sera indiqué plus loin.

C'est surtout lorsque, conservant 5 ou 6 yeux intacts à la base, le pampre a ses grappes détruites, que, devant la récolte perdue, on a tendance à vouloir faire naître par la taille des bourgeons à fruits, dans l'espoir d'être moins frustré. Mais si la gelée est tardive, et c'est le cas que nous envisageons ici, les fruits n'auront guère la chance d'arriver à maturité, et certains conseillent de ne pas tailler, comme dans l'exemple ci-dessous ; les deux bourgeons de la base ne se développeront pas, et on aura ainsi du bois de taille pour l'hiver. Nous avons dit au sujet des rameaux secondaires qu'ils sont d'autant plus grêles et d'aspect buissonnant que les bourgeons qui subsistent sont plus nombreux. Normalement, ces rameaux provenant des bourgeons de la base des entre-cœurs n'auraient dû se développer que l'année suivante, et ils auraient été les plus fructifères de tous ceux qui existent à chaque nœud, comme le fait remarquer M. Ravaz. Dans le cas qui nous occupe, ces bourgeons fructifères se développent à bois, et le sarment conservé pour la taille n'est plus pourvu que des entre-cœurs d'une fertilité douteuse.

D'autre part, si l'on taille en vert à deux ou trois yeux, il est certain que les rameaux qui vont naître de ces yeux seront mieux constitués, la sève se portant en plus grande quantité sur eux; mais le fait ci-dessus n'en subsiste pas moins, à savoir que l'on fait développer à bois les bourgeons à fruits. Et alors, mieux vaudrait tailler tout simplement à un œil, ou encore supprimer complètement le rameau vert.

Qu'arrive-t-il dans ce dernier cas? Le ou les bourrillons placés sur le vieux bois, sur le courson, vont se développer et, le plus souvent, porter des grappes. On aurait donc l'avantage d'avoir une petite récolte et du bon bois de taille pour l'année suivante. En un mot, dès que l'on reconnaît l'utilité de la taille en vert, il faudrait *supprimer entièrement* le rameau vert, mais en prenant garde, surtout quand la base est déjà en partie lignifiée, de ne pas déchirer la plaie, car on risquerait de détruire le contre-bourgeon du vieux bois, du courson, qui doit fournir le nouveau rameau. M. Paul Petit a ainsi obtenu de bons résultats surtout avec le Portugais bleu, la Syrah et le Durif.

Un traitement moins radical est celui qui consiste, comme pour la taille sèche courte, à *laisser un œil et le bourrillon*, en faisant l'incision sur la cloison placée au-dessus de l'œil conservé. Outre ce dernier le bourrillon peut se développer et on a l'espoir d'obtenir — comme il provient du bois de l'année précédente — la moitié ou le tiers de la récolte, en même temps que du bois aussi beau que lorsqu'on taille sur l'empâtement. C'est la taille qui, dans les essais de M. Guillon, s'est toujours montrée supérieure aux autres. Si le bourrillon, étant déjà épanoui, avait été gelé, on taillerait à *deux yeux francs*. On pourrait en conclure que si un ou deux yeux de la base du pampre étaient seuls sortis intacts de la gelée, on devrait se dispenser de supprimer la partie mortifiée ; mais, dans ce cas, il y aura à craindre de la voir endommager la partie saine.

Il est prudent, pour les petites étendues, lorsque la gelée est incomplète, de tailler immédiatement en vert à la hauteur où l'on juge la partie inférieure encore saine ; le lendemain, après 24 heures, si cette partie est flétrie, on rabattra sur un œil.

Certains cépages, comme le Jacquez, le Cabernet, la petite Syrah, le Pineau, ne donnent des fruits que sur les bourgeons éloignés de la base et demandent par conséquent une taille longue. Les jeunes pampres qui vont se former après la taille à l'extrémité de la partie saine conservée donneront des yeux fertiles avec lesquels, à la taille d'hiver, on constituera la flèche du sujet.

C. TOUTE LA LONGUEUR DU PAMPRE EST DÉTRUITE. — Avec une gelée intense, il se peut que tout le sarment soit détruit. M. Guillon conseille dans ce cas de couper le pampre sur l'empâtement, à 4 millimètres environ au-dessus du bourrelet situé à la base du sarment à son point d'insertion sur le courson. Il se développe généralement alors vers l'empâtement deux yeux qui donnent du bois aoûté, mais la récolte est naturellement, dans ce cas, peu abondante.

Une autre méthode consiste à couper le rameau vert le plus inférieur du courson dans la cloison de la plus basse bourre pour faire dégager les bourrillons, puis de rabattre le ou les bourgeons supérieurs au-dessous de leur empâtement.

Enfin, certains prétendent qu'il vaudrait mieux ne pas tailler sur l'insertion du courson, quand la partie herbacée est presque toute gelée, car on peut provoquer un retour de sève funeste. En ne pas taillant, celle-ci est capable de faire développer des bourgeons secondaires sur les yeux épargnés: il en est presque toujours de même, qu'il en part des bourres de la base, et qu'il naît des gourmands. Dans ce cas, la gelée s'est donc chargée elle-même de faire la taille, et l'on doit se contenter d'ébourgeonner et de pincer.

Quoi qu'il en soit, si sur l'ensemble de la souche gelée il était resté quelques bourgeons intacts, il conviendrait de les conserver pour avoir des grappes et du bois de taille.

D. TAILLE SUR LE VIEUX BOIS. — Dans aucun cas, il n'est prudent de tailler sur de vieux bois (courson), ce qui affaiblit trop la souche par l'épanchement de la sève qui en résulte ; on doit toujours s'attaquer au rameau vert, au pampre qui s'est formé depuis le début de la végétation, à moins que sa base ne soit complètement anéantie. D'ailleurs, une fois le courson de l'année précédente rabattu, on n'a plus d'espoir que dans le bourrillon de la base de ce courson, à part les gourmands peu fructifères, qui peut à son tour être détruit par une cause quelconque, et alors, l'année suivante, la charpente du cep est compromise.

Même si, par de très fortes gelées, le courson est atteint, et qu'il n'y ait plus d'espoir que dans les bourgeons adventifs qui poussent sur le vieux bois, il est prudent de laisser faire d'abord la nature avant de rabattre les parties atteintes.

On ne s'expose pas ainsi à supprimer des yeux qui n'ont pas été tués ; en outre, on n'affaiblit pas la souche par la perte de sève, ce qui, cependant, serait de nature à éviter les coups d'apoplexie toujours à craindre en pareil cas. Mais la sève elle-même ne tarde pas à faire sortir sur le vieux bois des bourgeons adventifs ; on gardera les 3 ou 4 plus beaux et les mieux placés qui donneront le bois de taille de l'hiver, et on rabattra peu à peu les autres avec le bois gelé, à plusieurs reprises. De tels effets du froid se font alors sentir durant plusieurs années, et l'on est obligé d'avoir recours à ces ravalements pour remettre la vigne en état.

On le voit, cette question de la taille est complexe et demande de la part du viticulteur beaucoup d'observation et de perspicacité. Chacun peut, d'ailleurs, faire à ce sujet des expériences comparatives sur quelques pieds voisins et apprécier les résultats obtenus pour en tirer une règle de conduite, sinon générale, du moins appropriée aux quelques cas les plus fréquents.

E. EBOURGEONNEMENT ET PINCEMENT. — Si la taille en vert proprement dite est capable de régénérer des bourgeons présentant les caractères recherchés pour pallier le mal, elle ne suffit pas à elle seule pour mener à bien les jeunes sarments qui sont l'espoir de la récolte future. Sous la poussée de la sève qui cherche des issues après les amputations ou la suppression naturelle des parties mortifiées, il se développe en même temps d'autres pousses qui gênent l'évolution de celles que l'on désire conserver. Il conviendra donc de faire un choix judicieux pour ne garder que les jeunes rameaux les mieux placés, les mieux constitués, les plus fertiles et dont le nombre sera proportionné à l'âge, à la vigueur, au développement du cep. Les parasites, les inutiles qui absorberaient le liquide nourricier au détriment des précédents, seront supprimés, mais on procédera à cet élagage avec méthode.

Après la taille en vert, dès que les pampres montreront leurs jeunes grappes bien formées et que l'on n'aura plus à craindre les atteintes de la gelée, on commencera à *ébourgeonner*, à enlever les pousses en excès, sans toutefois se hâter, pour ne pas trop contrarier la sève déjà éprouvée, pour ne pas interrompre trop brusquement son cours et occasionner les retours de sève nuisibles. En outre, si l'on ne laissait subsister qu'un bourgeon à chaque courson, on ne se garantirait pas des risques que peuvent faire courir de nombreux accidents tels que vent, grêle, etc.

On ne supprimera donc pas tout d'un coup tous les bourgeons inutiles à une bonne charpente. Peut-être pourra-t-on pincer à 2 ou 3 feuilles les pousses supplémentaires conservées, pour qu'elles n'anticipent pas sur les autres.

Lorsque la même souche porte à la fois des pampres intacts qui n'ont point été atteints par le froid, et d'autres gelés et retaillés, on comprend que l'équilibre entre ces deux sortes de pousses sera vite rompu au profit des premières, si l'on ne vient arrêter l'avance de celles-ci en les pinçant, de façon à renvoyer sur les autres une partie de la sève qu'elles s'appropriaient. On sait, d'ailleurs, combien ce pincement pratiqué à la fin de mai, un peu avant la floraison, est efficace au point de vue de la fécondation, même chez les sujets non atteints, où l'exubérance de végétation pourrait entraîner la coulure.

Avec les vignes conduites sur cordon, on choisit, parmi les bourgeons qui se développent à l'extrémité de la partie saine des sarments de taille, celui qui est le mieux placé, et les autres sont pincés en même temps qu'on ébourgeonne. Le pampre conservé servira ensuite de bois de couchage.

Enfin, lors de la taille sèche d'hiver, les bois nouveaux seront rabattus sur deux yeux francs, et tous les bourgeons inutiles que l'on avait laissés et pincés lors de l'ébourgeonnement en guise de tire-sève, seront amputés au-dessous de leur empâtement sur le corps de la souche.

F. BROUSSINS. — A la suite des gelées, on remarque à la base des coursons, au collet de racines, sur les rameaux, des masses spongieuses mamelonnées, des excroissances tubériformes, qui durcissent en se desséchant, et qui peuvent atteindre 6 à 8 centimètres de rayon. L'écorce est souvent découpée en lanières, au-dessus de ces fongosités.

Pour certains, ces *broussins* seraient dus à un afflux exagéré, à un refoulement de sève qui, les bourgeons ayant été tués par le froid, ne trouverait plus un exutoire suffisant.

D'après Viala, les bourgeons latents, très nombreux à l'insertion des coursons sur le vieux bois, ou des racines sur le collet, peuvent, en évoluant ensemble, donner lieu aussi à de semblables excroissances; ou encore, d'après le même auteur, le froid détruirait la couche génératrice en certains points, et en regard ou sur les côtés, l'écorce et les cellules du cambium non altérées proliféreraient d'une façon anormale.

On a prétendu encore que le tissu végétal une fois altéré serait devenu la proie de microbes véhiculés par les agents ordinaires, eau, vent, etc. A l'appui de cette hypothèse, on cite le cas du professeur F. Lataste, de Santiago (Chili), qui serait parvenu à transmettre l'affection en question à une vigne saine en lui appliquant une tranche fraîche de broussin. Von Thümen voulait voir dans les broussins l'œuvre d'un champignon du genre fusisporium.

Jusqu'ici, le meilleur remède pour les vignes qui présentent ces difformités consiste à couper la partie malade, à supprimer au sécateur le rameau atteint, à raser les excroissances du tronc avec une serpette et à brûler les débris enlevés pour plus de sûreté. Les jeunes plants greffés, atteints de cette affection, se refont difficilement et peuvent être considérés comme perdus.

3. Soins culturaux. — Des vignes gelées et retaillées doivent être considérées comme des conva-

lescents qui ont besoin de ménagements et de soins
pour recouvrer une parfaite santé. En l'espèce, il
importe que les souches déprimées par l'action pernicieuse du froid mènent à bien leurs nouveaux
pampres, que leurs sarments donnent du bois parfaitement aoûté en automne et, s'il y a lieu, une
portion de récolte. Or, bien souvent, sous prétexte
que celle-ci est perdue ou très aléatoire, on ne veut
consentir à faire des sacrifices pour la présente année.
C'est bien mal connaître ses intérêts que d'agir
ainsi, car alors, les ceps déjà affaiblis ne pouvant se
remettre complètement ne rapporteront guère plus
l'année suivante.

Pour donner un coup de fouet à la végétation un
moment enrayée, c'est d'abord une bonne potion
alimentaire qu'il faudra administrer aux pieds malades. On leur appliquera, par exemple, suivant la
gravité du mal, 150 à 300 kilos de nitrate de soude
par hectare que l'on répandra à la volée, la taille
faite — mais non sur les bourgeons, — et que l'on
enterrera par un léger labour. On complètera par
500 kilos de superphosphate, engrais qui fortifiera
le bois.

Enfin, au besoin, on pourra pulvériser une solution simple de sulfate de fer à 10 o/o. Naturellement, les labours et binages ne devront pas être
négligés pendant le cours ordinaire de la végétation.

Les *maladies cryptogamiques* sont déjà funestes
aux vignes saines ; il est incontestable que l'on
devra en garantir, à plus forte raison, les sujets
déprimés par la secousse physiologique occasionnée
par le froid excessif, et qui risqueraient, sans cela, de
ne pas aoûter convenablement leurs sarments. Dès
que les nouvelles pousses auront atteint environ 10
centimètres, on commencera par sulfater, puis sou-
frer — on sait qu'il est préférable d'adopter cet ordre,
— pour continuer les applications par la suite
comme à l'ordinaire.

Les gelées blanches d'automne provoquent en octobre la chute anticipée des feuilles et nuisent aux jeunes plants, aux vignes trop fumées dont l'aoûtement est tardif : l'année qui suit, il y a chlorose. Les engrais phosphatés à haute dose et des rognages répétés favorisent l'aoûtement.

CHAPITRE III

LES GELÉES EN HORTICULTURE ET EN GRANDE CULTURE

1. En horticulture. — Les détails que nous avons donnés sur les conditions, ou circonstances qui favorisent le rayonnement nocturne, sur les divers procédés permettant de lutter en viticulture contre ses funestes effets : poudrages, pulvérisations, nuages artificiels, abris temporaires, et sur les remèdes appliqués pour pallier le mal dans la mesure du possible, nous permettront d'être bref en ce qui concerne l'étude de cette question dans ses rapports avec la culture maraîchère, celle des arbres fruitiers, ou la floriculture.

Il n'est d'ailleurs pas dans notre intention d'étudier ici le *forçage* des légumes, des fruits ou des fleurs. C'est en vain qu'on attendra la description des procédés suivis pour obtenir *hors de saison*, ou sous un climat qui sort des conditions naturelles de leur végétation, les produits en question, par exemple par l'emploi de couches, cloches, coffres, bâches, serres, etc. Notre but est tout autre ; il vise simplement, d'une façon générale, la protection des récoltes contre un abaissement accidentel trop considérable de la température auquel le milieu n'est pas accoutumé.

On trouvera, à cet effet, dans ce qui a été dit dans les chapitres qui précèdent, matière à faire de nombreuses applications à la culture maraîchère, fruitière ou florale.

En ce qui concerne les *légumes*, on connaît, par exemple, les bons effets des poudrages sur les jeunes semis de plantes particulièrement sensibles aux gelées, les pommes de terre de primeur, par exemple, plus délicates encore que les vignes, puisque à la campagne l'opinion populaire prétend que les pommes de terre « gèlent de peur ».

Il est inutile d'insister encore sur la production des nuages artificiels, comme sur l'emploi des abris temporaires, des arrosages, des pulvérisations au lever du soleil. La pulvérisation d'eau, qui est en général à 8°, 10°, fournit du calorique.

Tout ce qui fait obstacle au rayonnement nocturne favorise la croissance des plantes et par conséquent, en définitive, augmente la production. En outre, ici comme pour la vigne, la rosée ne pouvant se produire aussi aisément, les conditions d'existence sont moins favorables aux nombreux champignons microscopiques que l'on a également à redouter dans la culture maraîchère.

Il résulte des expériences de M. H. Petit, professeur à l'École nationale d'horticulture de Versailles (1), que des fraisiers (variété D' Morère) abrités à partir du 15 octobre sont beaucoup plus vigoureux et se développent plus abondamment au printemps suivant. L'expérimentateur a pu de la sorte constater une avance de huit jours sur la production des fruits, qui était en outre sensiblement plus élevée, comparativement à la parcelle non abritée.

Des choux d'York, placés dans les mêmes conditions, ont donné par are une récolte de 203 kilos plus élevée, la romaine blanche 96 kilos, la romaine grise 276 kilos, la giroflée 92 kilos.

---

(1) *Journal de la Société d'horticulture.*

Le dispositif adopté par M. Chabaud pour protéger les légumes ou les fleurs est très pratique. Son mode d'agencement et celui de commande rappellent un peu les rideaux de nos fenêtres, que l'on écarte ou rapproche à volonté en tirant sur un simple cordon. La toile-abri, tenue horizontalement, est pourvue sur deux de ses bords parallèles d'anneaux que l'on passe sur des fils de fer tendus de chaque côté du morceau de terrain à protéger, et reposant eux-mêmes sur des piquets fichés en terre. Des ficelles attachées au premier anneau de chaque extrémité permettent, en tirant, d'étendre la toile sur les plantes ou, au contraire, de la replier. Quand la largeur du carré à recouvrir est trop considérable, on emploie un nombre suffisant de bandes de toile. Enfin, il est possible, avec une même corde, de commander plusieurs tentes à la fois.

Pour les *corbeilles de fleurs*, les semis, les jeunes plants, les constructeurs (1) livrent encore des agencements particuliers, sans secours de pieux à l'intérieur.

Aux Etats-Unis, on cultive le tabac de Sumatra sous des tentes-abris restant à demeure toute l'année, à 2^m 70 au-dessus du sol.

Les *arbres fruitiers* ont plus à redouter encore des gelées du début de l'année que les vignes, car la floraison est ici prématurée. Si les ceps voient leurs pousses gelées, ce sont les fleurs qui sont roussies et qui tombent chez l'amandier (le plus fou de tous les arbres, dit Rozier, à cause de la précocité de sa floraison), le pêcher, l'abricotier, le prunier, par exemple. Lorsque celles-ci sont encore à l'état de boutons dans lesquels les pétales protègent le pistil très sensible, il y a moins à craindre pour la récolte que lorsqu'elles sont épanouies. Dans ce cas, ce n'est guère avant une quinzaine de jours après la fécon-

----

(1) Par exemple, S. Dufour, 27, rue Mauconseil, Paris (Ier).

...ation, c'est-à-dire jusqu'à ce que les fruits soient bien noués, que les fleurs sont hors de danger.

Dans les jardins, les arbres *en espalier* sont mis facilement à l'abri, soit à l'aide d'auvents — planchettes, tuiles, etc. — en saillie de 25 à 30 centimètres, placés au sommet du mur, ou mieux encore avec des toiles-abris aménagées pour la circonstance (1), fixées à l'aide d'agrafes spéciales cousues sur les bords, et que l'on accroche à des fils qui courent, en haut et en bas, le long de l'espalier.

Il en est de même des *contre-espaliers*, que l'on peut facilement protéger comme les vignes, avec quelques pieux et quelques tringles. Ainsi que dans le cas des espaliers, les agrafes qui retiennent la toile glissent le long des fils de fer auxquels elles sont accrochées, de sorte que dans la journée il est possible de coulisser l'abri à droite ou à gauche.

Le *dispositif Dufour* permet de couvrir et de découvrir rapidement de grandes surfaces dans les importantes installations fruitières. Ce sont des sortes d'abris horizontaux qui peuvent se déplacer sur fil de fer.

Pour les arbres cultivés en *plein vent*, la protection est moins aisée, quoique possible cependant, lorsqu'on n'a pas affaire à un trop grand nombre de pieds. En ce qui concerne les abris en toile, on peut fort bien, lorsque les sujets ne sont pas très hauts, passer la toile par-dessus leur faîte. Il est assez simple de disposer en croix, à l'extrémité d'une barre que l'on attache au tronc, au centre, et dépassant un peu les plus hautes branches, deux moitiés de cerceau, par exemple, qui maintiendront la toile écartée, tandis que ses quatre coins seront retenus au sol par des piquets. Les constructeurs fournissent d'ailleurs encore ici des armatures spéciales pour le sommet de la perche.

On peut, bien entendu, avoir recours, lors de la

---

(1) Maison S. Dufour, déjà citée.

floraison des arbres, quand on craint la venue des gelées, au poudrage, par exemple.

Ch. Landry, suivant un conseil donné par un « Almanach de France » de 1842, recommande d'arroser les branches de l'arbre avec un arrosoir à pomme ou un pulvérisateur renfermant, par 10 litres d'eau chaude, 1 kilo 5 de chaux éteinte et 1/2 kilo de soufre, le tout étendu dans 100 litres d'eau.

Les nuages artificiels sont également mis à profit; mais lorsque les arbres sont de haute taille, il est bon de placer les foyers sur des supports, à quelque distance au-dessus du sol.

Voici, d'autre part, d'après le professeur Tito Poggi, comment on procède sur les bords de l'Adige, en Italie, dans la région désignée sous le nom de « Campagnole », où la culture du *pêcher* a une certaine importance, pour parer aux effets désastreux des gelées.

En octobre, alors que la récolte faite, les arbres n'ont pas encore perdu leurs feuilles, on en réunit les branches que l'on maintient ainsi, ni trop serrées ni trop lâches, avec des liens, de façon à constituer des sortes de quenouilles dont le nombre varie suivant l'âge et l'envergure de l'arbre. Ainsi, on ne forme qu'un faisceau avec les branches d'un pêcher d'un an, etc.

Au printemps, quand les gelées ne sont plus à craindre, on délie le tout avec précaution. On comprend que pendant la période de trop basse température les feuilles emmagasinées au centre de ces sortes de « poupées » — *puoti*, en italien — forment un manteau protecteur.

Sans doute que dans les régions humides cette façon d'opérer pourrait présenter l'inconvénient, en présence des feuilles encore vertes, d'entraîner l'altération des boutons à fleurs; mais, dans le Midi peut-être, n'y a-t-il pas à redouter ce mauvais côté de la méthode. D'ailleurs, pour prévenir toute maladie, avant l'opération, on pulvérise une solution de sulfate de cuivre sur le feuillage, et l'on en fait de même quand on dégage les branches.

Lorsque ce déliage se fait assez tard, il n'en est pas moins vrai qu'il faut y procéder avec précaution pour ménager les boutons ; il faut observer que la besogne est facilitée par l'emploi de liens faciles à couper au couteau.

Un reproche plus grave, c'est que la taille est de ce fait fortement retardée. Peut-être y aurait-il possibilité d'y suppléer suffisamment en août, par la taille en vert et des pincements appropriés. Dans tous les cas, il est prudent, avant d'engager complètement une plantation, de faire un essai préalable sur quelques pieds et de juger ainsi expérimentalement de l'efficacité de la méthode.

Ce qui est certain, c'est que cette pratique est mise en œuvre depuis une quarantaine d'années par les agriculteurs véronais, ce qui constitue déjà à son actif une bonne recommandation.

Les arbres cultivés en plein vent à la limite septentrionale de leur aire géographique — dans notre hémisphère — sont particulièrement sujets à souffrir du froid exceptionnel des hivers rigoureux.

Par exemple, les *orangers* qui s'étagent le long des collines et au bord de la mer de notre « Côted'Azur » en ont fait la triste expérience lors des gelées des 1ᵉʳ et 2 janvier 1905 — pour ne pas remonter plus haut, — où ils ont eu à supporter un abaissement de température qui est allé jusqu'à — 8°. Certains d'entre eux ont vu même leur tronc éclater dans quelques situations plus éprouvées.

En général, ce sont les jeunes pousses qui ont été radicalement détruites, ce qui a fort compromis la récolte des fruits, qui se sont plus ou moins desséchés et restés tels, et surtout, pour les arbres dits « amers », la récolte des fleurs en mai, qui, dans nos régions, constitue le principal profit de la culture des orangers.

Les arbres étaient d'autant plus prédisposés à

souffrir des atteintes du froid excessif des premiers jours de 1905, que l'été très chaud et sec de 1904 avait, pour ainsi dire, enrayé la végétation, à laquelle, par contre, quelques pluies d'automne et des arrosages vinrent donner un nouvel essor et contribuer à faire naître des brouts nouveaux dont les tendres tissus furent vite désorganisés par la néfaste gelée.

Fort heureusement que de telles conditions météorologiques ne se rencontrent que rarement au pays du soleil, où le monde végétal est habitué à plus de clémence de la part des météores, car la soudaineté du phénomène en question ne permet guère de parer à ses funestes effets.

Les sujets atteints, ainsi que nous l'avons dit pour la vigne, sont des convalescents et, comme tels, demandent à être choyés. On donnera donc ici aussi un bon coup de fouet à la végétation pour l'exciter à produire du bois nouveau, et cela en appliquant des fumures appropriées, des engrais organiques riches en azote surtout, un peu de sulfate de fer, etc. Avec cela, on ne négligera pas non plus les soins culturaux, les binages, la destruction de tout parasite nuisible. Quant à la taille, à la suppression des parties lésées, au ravalement, il est bon de ne pas se presser et d'attendre que l'apparition des nouveaux bourgeons montre bien la partie du bois qui est restée saine. C'est alors, à bon escient, qu'on appliquera le sécateur ou la scie.

Il résulte d'expériences effectuées en Allemagne que des pommiers qui avaient reçu 400 kilos de chlorure de potassium par hectare, ont été épargnés par la gelée, alors que ceux qui ne reçurent pas de potasse furent touchés en certain nombre.

Les orangers ne sont pas les seuls à avoir passé par cette rude épreuve. On a eu également à déplorer, dans la même région et à la même époque, la perte d'un grand nombre de *fleurs*, qui, on le sait, constituent à ce moment de l'année le plus net des re-

venus que retire l'horticulture de ce pays généralement favorisé.

Contrairement à ce que s'imaginent nombre de personnes étrangères au pays du soleil, toutes les cultures florales n'y sont pas établies en plein air. L'astre
d'or, pour si munificent qu'il soit de ses rayons, est
impuissant, dans ces régions paradisiaques, à fournir durant l'hiver la somme suffisante de calorique
capable de mener à bien, de novembre à mars, ces
quantités de gerbes de roses, d'œillets, de mimosas,
etc., que Cannes, Antibes, Nice, Hyères, envoient à
cette époque dans les contrées septentrionales.

La plupart des variétés sont cultivées sous châssis
vitrés disposés sur bâches, ou dans des serres,
dont quelques-unes même sont chauffées durant
les nuits froides. Le plus souvent, on se contente,
le soir, de dérouler des paillassons ou des toiles sur
les panneaux vitrés.

Or, en 1905, une grande partie de ce qui était en
pleine terre ou même sous verre et non chauffé a
été détruite.

Sur la Riviera italienne, de la frontière française à
Gênes, où la floriculture est aussi très en honneur,
mais où les conditions naturelles du milieu — exposition en terrasses, au midi, à l'abri des Apennins
— sont exceptionnellement favorables à la végétation et dispensent de tout abri, l'horticulture florale
a été aussi éprouvée que sur la Rivière française.

Nos voisins, en effet, ne connaissent pas, sauf
dans quelques grands établissements, la culture sous
verre. A peine si la nuit déroule-t-on des paillassons
sur des fils de fer soutenus de distance en distance
par des piquets. Mais, après les dégâts des gelées
qui chez eux aussi ont marqué les premiers jours de
1905, les horticulteurs liguriens de la plaine de
Latte, de celle de Vallecrose, de Bordighera, Ospe-
daletti, San-Remo, Taggia, ont l'intention d'adopter
également les châssis vitrés pour leurs cultures de
roses et d'œillets principalement.

Chez nous aussi, à Ollioules, Hyères, Toulon et de Saint-Raphaël à la frontière italienne, on reconnaît qu'il est prudent de protéger durant l'hiver les violettes, les giroflées, etc.

Dans la région d'Hyères, où la culture intensive de la violette simple pour l'exportation occupe des centaines d'hectares, les producteurs emploient déjà depuis longtemps, durant la froide saison, des abris constitués par des claies en rameaux de bruyère, comme on en voit aux environs de Cannes, Antibes, Nice, sur les cultures de jeunes palmiers. Ces claies, qui mesurent environ 2.5 $\times$ 1.5, sont fixées avec du fil de fer sur des traverses clouées elles-mêmes sur des piquets qui courent le long des carrés, de 10 en 10 mètres par exemple. Les abris sont ainsi maintenus à 1 mètre à peu près au-dessus du sol du côté nord, à 2 mètres au midi, et ne gênent pas l'action du soleil et de l'air.

On pourrait également employer ici le dispositif imaginé par M. Chabaud, dont il a été question plus haut.

2. En grande culture. — En grande culture, les *céréales* en particulier sont sujettes à être contrariées par les gelées d'hiver. On sait que ce n'est pas tant l'action directe du froid sur les tissus qui est nuisible, que la traction que le collet des jeunes tiges a à subir dans les sols calcaires surtout, et qui amène des lésions funestes.

Sous l'influence de l'augmentation de volume que subit l'eau en se solidifiant, la terre se soulève, pince la frêle plantule et l'arrache, pour ainsi dire, tandis que ses racines restent flottantes dans les vides ainsi produits.

Dans la journée, le dégel partiel laisse pénétrer plus avant l'eau de fusion qui, les nuits suivantes, en se formant de nouveau en glace, accentue encore le mal.

Cette alternance de gel et de dégel ne suffirait pas cependant pour expliquer la destruction des jeunes plantules. D'après un rapport « officiel » de 1892, il faut, en outre, que pendant une semaine la température remonte à 13° environ, car alors le blé pousse, et la partie nouvelle produite, tendre et par conséquent sensible, est plus sujette à être détruite par le froid. Si, après, survient un froid de 13° au-dessous de zéro, il y a congélation de cette partie blanche. En d'autres termes, il faudrait donc qu'en quelques jours se produisît une différence de température de 26° au moins.

Selon les variétés auxquelles appartiennent les blés, il y a aussi ici des différences de résistance ; en règle générale, les blés tendres souffriraient plus que les blés durs.

Dès l'automne, les jeunes plantules donnent de nouvelles racines aux premiers nœuds de la tige, près de la surface du sol, qui remplacent les premières sorties de la semence. On comprend dès lors que si les blés sont semés de bonne heure, les effets de la gelée qui tendent à détruire les racines inférieures, sont moins funestes puisque les supérieures, alors formées, restent souvent intactes ou peu altérées.

L'emploi des engrais, en fortifiant les plantes et en favorisant la production des racines, atténue en partie ces funestes effets du froid. On connaît aussi, dans ces conditions, l'influence heureuse des roulages, qui les tassent et les rechaussent. Il est recommandé encore de ne pas enterrer trop profondément les grains au semoir.

Avec les terres légères, les dégâts sont souvent peu importants, tandis qu'il en est autrement dans les sols argilo-calcaires.

Voici, d'ailleurs, au sujet de la nature du terrain, quelques chiffres, cités par M. Schribaux (1), qui indiquent les proportions de pieds déchaussés, ainsi que l'influence des engrais :

---

(1) Cours de l'Institut agronomique.

	Sans engrais	Engrais complet
Terre siliceuse de Joinville-le-Pont	4.51	2.84
Terre granitique du Limousin	10.00	6.29
Terre des Landes	15.28	4.75
Terre de Champagne	59.15	57.14

Des expériences effectuées en Allemagne ont montré que les engrais potassiques (kaïnite) exercent à ce sujet une action des plus salutaires. Ce fait paraît tenir à une plus grande vitalité de la plante — il s'agissait, en l'espèce, d'avoine, de seigle et de sarrasin. On en a donné cependant d'autres raisons. Par exemple, la kaïnite employée étant un sel hygroscopique, le sol conserve de ce chef plus d'humidité et se refroidit moins parce qu'il évapore moins aussi ; la plante prend un plus grand développement et protège mieux le sol contre le rayonnement ; enfin, elle renferme plus de cendres et évapore moins.

A Bellevue (Meurthe-et-Moselle), M. Paul Genay a obtenu des excédents de 1 100 kilos de grains et 1.500 kilos de paille avec des blés ayant supporté la gelée, mais ayant reçu une fumure potassique, comparativement aux mêmes blés sans potasse.

Parmi les diverses variétés de blé, celles qui résistent le mieux aux gelées sont : le blé Hunter (N., N.-E., Centre), le blé de Crépi (E., N.-E.), le blé de Lorraine, le blé d'Altkirch ou rouge d'Alsace, le blé roux des Ardennes (rouge de Presles, roux de Blanchampagne), le blé blanc de Flandre (E.), le blé à épi carré ou Shiriff's square head (N., Centre), le blé rouge d'Ecosse, etc.

Le blé de Saumur, la touzelle de Provence, le blé Japhet, etc., redoutent, au contraire, les froids de l'hiver.

On sait qu'au sortir de cette saison il convient de répandre sur les blés jaunes, déprimés par la basse

température, une bonne fumure azotée sous forme
de nitrate de soude : 150 kilos à appliquer en deux
fois.

Quand ils ont été trop maltraités par les rigueurs
de l'hiver, il vaut mieux réensemencer. On emploie
alors les blés dits « de février » ou encore « blés de
mars », qui sont plus hâtifs que ceux d'hiver, principalement le blé de Bordeaux, le blé de Noé, le blé
de Riéti.

Voici textuellement ce que dit, sur cette question
importante du *réensemencement des blés gelés*,
l'*Almanach de la Société des agriculteurs de
France* (1892, p. 46) :

« Le blé de Bordeaux et le blé de Noé ou blé bleu
sont tout indiqués, et on ne saurait trop les recommander. Le Chiddam de mars demande à être semé
le plus tôt possible, car il talle largement quand il
a du temps devant lui. La culture des blés de mars
est assez restreinte en France et l'on s'en procure
peut-être assez difficilement. Il faut, en outre, n'user
qu'avec la plus grande réserve des blés étrangers.
Voici ce qui se passa en 1871, où les comités de
secours anglais envoyèrent gratuitement des semences de blé de mars qui n'ont donné que de l'herbe.
En Angleterre, en effet, ces blés fleurissent en juil-
let, mûrissent en septembre, tandis qu'en France
ils ont été saisis par les chaleurs de l'été et n'ont pu
donner de bons résultats ; on peut, au contraire,
avoir de bonnes semences venant d'Allemagne.

Toutefois, cette question de réensemencement en
blé de mars est très importante et demande à être
traitée avec prudence dans les pays *où l'on n'a pas
l'habitude d'en faire* ; mieux vaudrait, alors, avoir
recours à l'avoine.

Mais il faut bien être persuadé que dans bien des
localités tout blé attaqué par la gelée, même en
admettant qu'il n'y ait pas la moitié du plant de
détruite, doit être remplacé dans le plus bref délai
possible, et que tous les blés gravement atteints par

la gelée sont malades et ne peuvent pas donner un rendement convenable; on ne doit donc pas hésiter alors à les retourner et à les semer de nouveau.

Si le blé n'est pas assez compromis pour être remplacé, il a besoin, avant tout, d'être en contact avec la terre, d'avoir du pied, selon l'expression connue; un coup de rouleau, alors, et des engrais appropriés, nitrates et superphosphates, pourraient suffire à lui redonner de la vigueur.

Quand on emploie des nitrates, il faut n'en pas mettre beaucoup à la fois, pour que les pluies ne l'entraînent pas dans le sous-sol, et qu'on ne favorise pas la tendance à la verse.

On peut recommander l'application en couverture d'un mélange de superphosphate et de nitrate de soude répandu en deux fois, à la dose, *chaque fois,* de 50 à 75 kilos de nitrate et de 100 kilos de superphosphate.

En résumé, partout où il y a doute sur l'état des blés semés, on ne doit pas hésiter, dans les pays de culture intensive, à réensemencer en tout ou en partie; mais pour les pays de moyenne ou petite culture, où l'usage des blés de mars est peu ou point connu, l'*avoine* est tout indiquée pour réparer ou adoucir les désastres causés par les rigueurs de la saison.

L'avoine donnera, la plupart du temps, plus de profit que le blé de mars; il ne faut pas oublier que la France ne produit guère plus de la moitié environ de l'avoine nécessaire à sa consommation. On peut donc, sans crainte, chercher à obtenir une récolte d'avoine abondante; mais, pour cela, c'est aux espèces à grand rendement qu'il faut s'adresser, en tenant compte, toutefois, des préférences locales portant sur la couleur du grain qui influent sensiblement sur le prix.

Les avoines sont noires, grises, jaunes ou blanches.

8

Parmi les noires, il faut citer l'avoine noire de Brie, celle de Coulommiers, exigeante, tardive, demandant de bonnes terres; l'avoine Joanette ou petite Brie, hâtive, mais très courte de paille et moins productive que celle de Brie. Parmi les grises, celle de Houdan est excellente; elle se sème de bonne heure ou tard; elle vient dans des terres très bonnes et s'accommode des terres moyennes; elle se rapproche le plus de l'avoine d'hiver et mérite d'être davantage connue; elle est rustique et productive, et donne à la fois une paille haute et forte et un grain plein et lourd; mais il faut s'attacher aux bonnes variétés et leur donner tout l'engrais nécessaire pour en obtenir le maximum de rendement. L'avoine de Hongrie n'a pas de qualité particulière.

Pour les blanches, la plus avantageuse est celle de Sibérie, hâtive, peu exigeante, très productive; celle de Pologne donne un grain très lourd, mais que les chevaux n'aiment guère.

Parmi les jaunes, celle de Flandre, dite aussi des Salines, exige de très bonnes terres; la variété à grappes, plus hâtive, plus raide, est préférable à l'avoine Ligovo qui demande de très bonnes terres, riches et fraîches; la variété à grappes est moins difficile et très résistante.

Enfin, surtout dans les pays calcaires, on peut semer de *l'orge*. Outre l'orge du pays, déjà acclimatée, on peut semer l'orge Chevalier et aussi celle de Saint-Remy, qui est fort appréciée et se place entre la précédente et l'orge-éventail.

Après une année où la gelée a nécessité des réensemencements considérables, la semence des blés d'automne se trouve fort *rare* pour les semailles suivantes. Heureux donc sera celui qui aura pu conserver en grenier, et mieux encore en meules, sans être battus, les blés qui lui seront nécessaires. Il sera certain de la bonne qualité de sa graine et n'aura aucun doute sur sa puissance germinative. Celui qui sera dans la nécessité de recourir au comnerce devra le faire plus que jamais avec prudence, et ne demander qu'à de bonnes maisons, et sous toutes garanties, les semences nécessaires. Ne se laisse-t-on pas aller trop souvent, dans les campagnes surtout, à délaisser les maisons connues par leur probité commerciale, pour ces nombreux courtiers qui écoulent, à un prix un peu moindre, de mauvais produits, sans garantie aucune, et n'ont d'autre préoccupation que de tirer de l'argent au malheureux paysan ?

Dans bien des cas, en effet, livrera-t-on les espèces demandées ? Sous le couvert de blé d'automne, ne livrera-t-on pas des blés de printemps, et ne fera-t-on pas passer des blés vieux, conservés dans de mauvaises conditions, pour des blés bons, francs et sains des dernières récoltes ? Il faut donc veiller à éviter les tromperies sur les espèces livrées ; celles sur la qualité germinative auraient des conséquences déplorables. On sait que les blés de deux ans et même de trois ans sont encore excellents pour la reproduction s'ils ont été dans de bonnes conditions de garde, mais qu'ils perdent un peu de leur force germinative. Il faut donc en tenir un certain compte dans la quantité que l'on répand. Le meilleur moyen de n'être pas trompé sur ce point, c'est de faire essayer la semence par les stations spéciales créées à cet effet. Ce sera, de plus, le cas ou jamais de faire garantir les facultés germinatives par les vendeurs.

Se trouvera-t-il jamais pour les syndicats une occasion plus favorable de prendre en main les intérêts de leurs adhérents ? »

Dans les terres pauvres, où le succès du réensemencement est aléatoire, on pourrait semer une plante peu exigeante, comme la jarosse ou gesse chiche, qui est très rustique. Elle donne en juin 10 à 12,000 kilos de fourrage vert, qui, il est vrai, se fane difficilement. Il convient surtout aux bovidés.

On peut la semer en mélange avec du seigle ou de l'avoine.

Les alternatives d'humidité et de fortes chaleurs favorisent les maladies cryptogamiques. Nous signalerons, en particulier, le mildiou de la vigne et la *rouille* des céréales.

Les rosées abondantes de fin mai ou début de juin peuvent donc être nuisibles à ce point de vue. Nous savons que les *abris temporaires* utilisés pour les vignes et les plantes maraîchères exercent à cet effet une influence salutaire en empêchant la rosée de se former. En ce qui concerne les céréales, voici ce que proposait déjà Olivier de Serres :

« Les bruines ou fortes rozées de printemps endommagent estrangement les blés, quand, sur la fin du mois de mai et commencement de celui de juin, dès une heure devant le jour, elles tombent sur les blés ja avancés, approchant leur maturité ; où l'eau d'icelles arrestée s'eschauffe de telle sorte que le soleil frappant dessus, que l'espi du blé s'en noircit de pourriture, dont peu de grain sort par après, et encore mal qualifié, si que presques n'en faut espérer que de la paille. A ce mal, le seul remède est d'en abattre la rozée, avant que le soleil ait loisir de l'eschauffer ; à l'exemple des fruictiers, desquels les fruicts par secouer et esbrancher les arbres sont garantis de telle tempeste. Deux hommes esbranchent les cimes des blés avec un cordeau que chacun tient d'un bout, roidement tendu au-dessus des espis, marchant à pas mesurés, l'un de çà et l'autre de là le champ, en y passant tant de fois qu'il suffise. En champ de grande estendue, les hommes seront montés à cheval ; au col des chevaux l'on accommodera le cordeau à la hauteur du blé. Et ainsi à moindre peine satisferont à cette entreprise. Pourvu aussi que ce soit en raze campagne, ou n'y ait aucuns arbres ; car où la terre en est occupée, cela ne se peut faire qu'en portions, esquelles le champ sera desparti, en tant et telles, que les arbres le permettront à ce que librement le cordeau puisse jouer partout le contenu d'icelles. »

Le blé bleu de Noé, le blé de Bordeaux, sont sujets à la rouille. Le blé Riéti, le Shiriff, résistent bien, au contraire. En général, la rouille attaque de préférence les variétés originaires des pays dont le climat est plus sec en été.

Nous citerons encore quelques *plantes fourragères* sensibles au froid. Par exemple, la luzerne d'Amérique que l'on cherche à substituer à la luzerne du pays; le trèfle incarnat. On remplace celui-ci dans les terrains exposés par la lupuline, plus résistante. La vesce velue, elle aussi, souffre peu des rigueurs de l'hiver.

Lorsque les prairies de luzerne, sainfoin, les semis de trèfle incarnat, ont été atteints, on doit les faucher ou les réensemencer. Si le fourrage coupé ne peut être consommé immédiatement, on l'ensile.

Enfin, on répand du nitrate sur les prairies naturelles au moment propice.

On sait qu'en prévision d'une pénurie de fourrage vert, il est possible d'avoir recours aux récoltes suivantes : vesce, maïs, millet, moha, pois gris, colza, moutarde blanche, navette, spergule.

Si les gelées précoces d'automne ont mis à mal les *betteraves fourragères*, on les arrache aussitôt, les passe au coupe-racines, les mélange aux feuilles, à de la menue paille, et les met en silo.

On a constaté des cas d'empoisonnement avec des *choux* gelés fermentés.

Les *oliviers*, comme les orangers, sont parfois éprouvés par les fortes gelées. Pour les protéger, on a l'habitude, à l'entrée de la mauvaise saison, de les *chausser*, c'est-à-dire d'amonceler la terre à leur pied, de façon à couvrir la souche; on les dégage ensuite aux beaux jours. Il est, en outre, recommandé, dans les endroits bas, exposés aux gelées, de ne pas arroser les arbres avec excès. On cite souvent à l'appui de cette assertion le cas des nombreux oliviers qui, entre Aix et Arles (B.-d-R.), ayant été trop copieusement irrigués, furent détruits par l'hiver de 1789.

On sait que l'amandier, dont la floraison est précoce, est souvent atteint par les gelées. Pour retarder la floraison lorsqu'on a en vue l'amende primeur, en automne on découvre un peu les racines pour les exposer aux premiers froids.

La *taille* en plein hiver, comme on a l'habitude de la pratiquer dans certaines régions où la cueillette se termine en fin décembre-janvier, ne présente pas d'inconvénient, car le mouvement de la sève a été arrêté progressivement par un abaissement graduel de la température.

Il ne faudrait pas cependant faire de trop grosses amputations, dont les plaies resteraient exposées aux froids rigoureux qui pourraient se produire vers la fin de la saison, lorsque le liquide nourricier s'est de nouveau mis en mouvement. Il est donc plus prudent de ne supprimer les fortes branches que vers mars, quand tout danger de grandes gelées est passé.

Quand les arbres ont été touchés par le froid, on raccourcit les rameaux jusqu'au-dessous des parties mortifiées. Il est bon d'attendre le mois de mars ou même l'année suivante pour procéder à cet élagage ; il sera plus aisé alors, grâce aux nouvelles pousses qui se formeront, de reconnaître les parties saines. Dans le cas où le tronc ou les grosses branches ont été atteints, où l'écorce se soulève par places, où le bois est fendu longitudinalement (gélivure), on recépe et on conserve plus tard, parmi les drageons qui se développent sur la souche, les trois ou quatre plus beaux et les mieux placés pour reconstituer la charpente de l'arbre. Cette sélection des drageons ne doit guère commencer que la deuxième année, pour se continuer progressivement et arriver, en dernière analyse, à n'en laisser que le nombre voulu.

D'après notre collègue et vieil ami, M. Guillaud, « il est inutile de mettre du fumier au pied des oliviers recépés ; il suffit seulement de donner quelques labours ou binages pendant la belle saison. Car, si l'on enfouissait un engrais quelconque au pied de la souche dans l'espoir d'obtenir des pousses plus vigoureuses, celles-ci, au contraire, ne tarderaient pas à périr de pléthore ou d'engorgement des tissus résultant d'un excès de nourriture » (1).

Les plants d'oliviers dénommés Saurin (B.-du-R.), Lucques (B.-A.), Olivière (Languedoc), se sont montrés particulièrement résistants aux gelées; par contre, la Verdale et l'Aglandaou (B.-du-R.) sont plus sensibles; mais ici encore, comme dans les autres cultures, l'exposition, la nature du sol, l'individualité, exercent leur influence.

Les Mûriers. — Lors des fortes gelées, on remarque que le froid est d'autant plus funeste aux mûriers que ceux-ci sont soumis à la taille annuelle.

Les sujets qui n'ont pas été taillés de deux ou trois ans souffrent moins et donnent plus de feuilles. Dans tous les cas, après les gelées qui ont malmené les jeunes pousses, il y a lieu de prendre quelques précautions pour sauvegarder la récolte de l'année suivante.

Dans la taille annuelle — il vaut mieux ne tailler que tous les trois ou quatre ans et laisser l'arbre au repos l'année de la taille — on coupe, après la cueillette des feuilles, qui a lieu en mai-juin, les rameaux dépouillés, en ne laissant que les deux yeux inférieurs qui sont jusque-là demeurés stériles, mais qui vont dès maintenant recevoir la sève qui en fera des pousses d'été destinées à porter les feuilles de la récolte suivante. Après l'action néfaste du froid, ces bourgeons vont se développer, et il importe précisément de ne pas les couper pour la nourriture des vers, car on supprimerait du même coup les pousses de l'été, espoir de la prochaine récolte.

---

(1) E. Guillaud, *L'Olivier et le Mûrier*, Octave Doin, Paris.

Ainsi donc, en cueillant les feuilles, on respectera les deux derniers bourgeons que porte la base des maîtresses pousses, que l'on rabattra au-dessus du dernier bourgeon conservé. Cette remarque s'applique d'ailleurs aussi bien aux sujets qui ne sont pas taillés de l'année.

3. Soins. — Les arbres gelés, déprimés, sont à la merci des maladies. Ne pas négliger les façons culturales, les binages, les applications de bouillie bordelaise contre les parasites cryptogamiques (tavelure, mildiou, rouille), en mai, juin et juillet-août.

FIN DE LA PREMIÈRE PARTIE

(Voir à la fin du Tome II l' « Assurance Mutuelle contre les Gelées et la Grêle ».

TABLE DES MATIÈRES

TOME PREMIER

PREMIÈRE PARTIE

Les Gelées blanches et les Gelées à glace

CHAPITRE I

Notions préliminaires

§ I. — Un peu de physique

CHAPITRE III

Les gelées en horticulture et en grande culture